以植物的生命为尺度，渴望人们对生命做一次沉思。

—— 李成才

影响世界的中国植物

《影响世界的中国植物》主创团队　著

四川科学技术出版社

图书在版编目（CIP）数据

影响世界的中国植物 /《影响世界的中国植物》主创团队著 . —成都：四川
科学技术出版社 , 2019.8（2024.3 重印）
（大自然探索精品书系）
ISBN 978-7-5364-9552-4

Ⅰ . ①影… Ⅱ . ①影… Ⅲ . ①植物－中国－普及读物 Ⅳ . ① Q948.52-49

中国版本图书馆 CIP 数据核字 (2019) 第 168860 号

影响世界的中国植物
YINGXIANG SHIJIE DE ZHONGGUO ZHIWU
《影响世界的中国植物》主创团队　著

出 品 人	程佳月		
特约策划	李成才　周　叶		
责任编辑	程佳月　张湉湉	项目统筹	田佳壮
责任校对	王双叶	装帧设计	向　婷
责任出版	欧晓春		
出版发行	四川科学技术出版社		
地　　址	四川省成都市锦江区三色路 238 号	邮　编	610023
印　　刷	河北环京美印刷有限公司	印　张	25
开　　本	787毫米×1092毫米　1/16	插　页	4
版　　次	2019年10月第1版	字　数	500千字
印　　次	2024年3月第3次印刷		
定　　价	98.00元		

特别鸣谢	北京世界园艺博览会事务协调局
	北京木子合成影视文化传媒有限公司

ISBN 978-7-5364-9552-4

鸣谢

The Journey of Chinese Plants

衷心感谢为 《影响世界的中国植物》 提供支持和帮助的机构与个人（排序不分先后）

顾问团队

包 兰	郭振华	苑晓春	玄松南
陈学森	黄宏文	王克晶	杨世雄
陈永昊	沈希宏	王力荣	应求是
樊龙江	史 军	魏 刚	张佐双
冯广平	宋 波	吴良如	赵云鹏
顾小平	孙 寰	肖培根	庄 平

国外机构

美国阿诺德植物园
英国皇家植物园邱园
英国爱丁堡皇家植物园
新西兰皇家植物与食品研究院
日本大阪市立自然史博物馆
日本唐招提寺

国内机构

中国科学院华南植物园	龙苍沟国家森林公园	浙江大学	中共河池市委宣传部
中国科学院昆明植物研究所	太阳河国家森林公园	吉林大学	中共林芝市委宣传部
中国科学院广西植物研究所	高黎贡山国家级自然保护区	上海交通大学	中共克拉玛依市委宣传部
中国科学院西双版纳热带植物园	黄河三角洲国家级自然保护区	西南林业大学	中共乌鲁木齐市委宣传部
中国科学院植物研究所北京植物园	福田红树林国家级自然保护区	安徽农业大学	中共迪庆藏族自治州委宣传部
中国科学院武汉植物园	赤水桫椤国家级自然保护区	湖南农业大学	中共德宏傣族景颇族自治州委宣传部
中国科学院华西亚高山植物园	广西弄岗国家级自然保护区	山东农业大学	中共金华市委宣传部
中国科学院地质与地球物理研究所	甘家湖梭梭林国家级自然保护区	华中农业大学	中共西双版纳委宣传部
中国科学院遥感与数字地球研究所	陕西佛坪国家级自然保护区	中国农业大学	中共阿勒泰地委宣传部
中国科学院遗传与发育生物学研究所	四川鞍子河自然保护区	吉林农业大学	中共五常市委宣传部
中国科学院上海药物研究所	峨眉山植物园	北京中医药大学	中共天门市委宣传部
中国医学科学院药用植物研究所	丽江高山植物园	中共云南省委宣传部	中共塔城市委宣传部
中国林业科学研究院	香格里拉高山植物园	云南省林业厅	中共赤水市委宣传部
中国社会科学院	杭州植物园	中共四川省委宣传部	中共福泉市委宣传部
中国农业科学院	湖北省博物馆	中共新疆维吾尔自治区委宣传部	中共兰溪市委宣传部
中国水稻研究所	蒙顶山世界茶文化博物馆	陕西省林业厅	中共神农架林区党委宣传部
青蒿国家种质资源库	苏州博物馆	中共普洱市委宣传部	江西省东乡县野生稻管理办公室岗上积工作站
国家作物种质库	苏州园林档案馆	普洱市林业局	德宏傣族景颇族自治州林业局
四川省农业科学院蚕业研究所	北京世界花卉大观园	中共雅安市委宣传部	利川市林业局
吉林省农业科学院大豆研究所	苏州拙政园	雅安市林业局	安吉县林业局
新疆和田蚕桑科学研究所	苏州网师园	中共东莞市委宣传部	沧源县林业局
西藏自治区农牧科学院	苏州怡园	中共牡丹江市委宣传部	勐腊县林业局
吉林省养蜂科学研究所	西南大学	中共遵义市委宣传部	长宁县林业局
广西药用植物园	大理大学	中共百色市委宣传部	水杉母树管理站

《影响世界的中国植物》主创团队

（排序不分先后）　The Journey of Chinese Plants ────○

策划	总导演	执行总导演	总顾问	制片主任
周剑平	李成才	张 帆	黄宏文	田佳壮
叶大华	周 叶			

导演组　撰稿组　摄影组

导演组	撰稿组	摄影组				
张 帆	崔 勇	杨 威	魏圣泽	顾 科	石上飞	雨后青山
周 叶	张美超	邝泉水	关利华	林 宏	常治斌	王进飞
于 丹	朱君宜	薛 扬	张 玮	汪举仁	齐庆森	武 戈
胡昆池	曹美乔	徐腾飞	岳云天	王 宝	张 荣	杨海洋
樊晓冬	陈梦真	代聪聪	邱栋林	魏 屹	宋 龙	陈少峰
陈丽丽	单媛媛	李乃燊	张鑫磊	于 烈	崔士明	邱国林
张美超	余芷悦	赵建刚	李 南	郑 毅	许倩倩	王 哲
齐 辉	马国颖	李 佳	安 然	朱永琪	王永明	毕 争
丽 萍	韩微微	谢 勇	陈 玮	袁嘉良	郑 鑫	张国梁

导演助理　航拍组　显微拍摄组　延时拍摄组

导演助理				航拍组		显微拍摄组			延时拍摄组
胡庭燕	黄 珺	魏彤彤	罗为潇	陈鸿毅	熊星宇	梁 琰	孙大平	朱文婷	李佶托
邬 倩	李 彤	解宏飞		刘 磊	洪天龙	缪靖翎	杨广玉		徐士峰

大概20年前，我看过一部电影，片名叫《青木瓜之味》，导演是陈英雄。他出生在法国、越南籍、亚洲人，非常有才华。在《青木瓜之味》这部影片里，我能感受到他用镜头抚摸着青木瓜，借青木瓜去记录生命的状态。那时候我就想，我也是导演，将来我也要拍摄我生活中的这类东西。他选择的是青木瓜，那我呢？我记忆中有童年的田野和田野里曾深深打动过我的芝麻种子。当到了我目前的年纪，去回望，或是现实中受到某个触动的时候，就会一下子想到"哦，当年是那个样子"，就会有要通过什么去表达的想法。

我曾去爬过勃朗峰。当时有四五个国外向导，他们无论遇到什么野生植物都能入情入理地介绍一番。比如野生的蓝莓、针叶松、郁金香。那种感觉，就好像那些植物本来就是他们生命中的一部分。在他们的语气中，有爱恋、有温暖，还很自然。他们是受过植物学训练的。这也让我不禁去想，欧洲的中产家庭为什么会有植物园，为什么会有这样一门学问，而这门学问给人们的生命成长又带来了哪些东西。所有这些都让我开始思考植物，思考我们国家以及她的成长历程。所以，很多人问我拍摄植物的原因，我都会讲，不能说是某个事件促成了我想拍植物，是一点一点的积累渐渐地让我有了呈现的热情和表达的欲望。让我想要去观察生命从哪里来，到哪里去。

2010年前后，我在国内16所大学做了16场有关《华尔街》（李成才导演的另一部大型纪录片）的演讲。其中，在武汉大学的时候我看到了一个展览——"17~18世纪中国人口爆炸与农作物的关系"。我对这个话题特别感兴趣。中国原来经历了那么多的苦难和饥饿，高产作物不进来的话，我们很难解决人们基本的生存问题。17~18世纪来到中国的作物有玉米、有土豆、有红薯，这些都是高产作物。这些作物进来以后，中国人口才有了变化。这些国外的植物影响了中国，那我们中国的植物又对世界有怎样的影响呢？这次偶遇和思考对我拍摄植物产生了很深的影响。

《影响世界的中国植物》总导演 李成才

Q **植物就在我们身边，为什么我们还会觉得它们那么陌生呢？**

我们没有受过植物学方面的训练。这和我们的认知水平有关系，和我们的科学素养有关系。我们的文明是从植物中来的，我们的衣食住行、我们的审美，甚至我们生命中的一切几乎都离不开植物，但我们却没有打量、端详它们的愿望和习惯。我们中很多人不仅不会打量、端详植物，对别的东西也不会观察，对生命、对事物缺少理性、科学的思考。我相信我们的古人一定有过这样的习惯，因为我们有都江堰这样伟大的工程，一定是有人曾经认真地观察、思考过这条河流。但这种对一个问题的探究，对一个事物、过程的细致观察、思考、探索的方式没有形成我们的习惯。

Q **观察植物是对创造力的一种锻炼吗？**

一个植物变成作物是多么艰难的事情。野生的小米和狗尾巴草是同类，都属于狗尾草属，它的草穗就 3 厘米多长，而后来小米的谷穗大约有 15 厘米长。这样的变迁，中间都发生了什么，这是几代人才能完成的事啊。这里面的故事，这个历程是怎样的，对这些进行深入的思考和探究，这种精神与态度，在我们大多数人里面，是缺失的；大多数人都觉得我们天然该拥有，从来不问为什么，也缺少感恩。

Q **我们要学习用一种新的态度来思考生命吗？**

现在有人纠正达尔文的"进化论"，认为它应该翻译成"演化论"。进化，有向上一层级跃进的意思，相应的，人更高级；而演化，更是适者生存的意思，众生平等。我们需要重新思考生命的状态，思考生命的孕育，观察植物也是观察我们自己。

Q 如果我们在这里问一个"为什么",为什么是这样呢?

这种思考的方式来源于一个人受过的哲学训练。哲学有三大问题:人是什么,宇宙是什么,人和宇宙的关系是什么。通俗地讲,就是从哪里来,到哪里去的问题。这样的追问多了,有了这样的认知基础,我们才能慢慢学会观察。有一部影片叫《人类消失后的世界》,它假定有一天如果人类突然消失,100年、200年、500年之后,这个地球上的建筑、植物、动物的世界会发生怎样的改变。这其实是一个环保类的纪录片,可这样的格局只能是受过哲学训练的导演才能做出的片子,那么宏大、那么雄辩,它让你看到人的伟大与渺小,也让人觉得我们应该去认识自己的伟大与渺小。

Q 《影响世界的中国植物》 想传递的是什么呢?

我想把植物背后的故事挖掘出来,和大家一起分享,一起进入它们的世界,感受它们的伟大与谦卑、壮美与温暖、浩瀚与脆弱。我想用我们的镜头去抚摸、呈现这些伟大的生灵,想调动我所有的情感,用蒙太奇的手法去彰显中国的植物之美。在《影响世界的中国植物》纪录片里有两句话我想分享给大家。一是大自然的馈赠,是因为喜马拉雅山这一带独特的自然条件和地理条件,孕育了我们这样的一套物种,这是大自然的馈赠。二是人类的创造力,我们为祖先给予我们的一切抱有一种感恩的愿望,我希望我们的影片能够对得住他们,能够对得住与植物打交道的人,能够对得住我们璀璨的中华文明,这是我们的情感。太多人少有端详植物的愿望和习惯,片子定位于"影响世界的中国植物",是因为"中国人太缺这一课,太多人不了解我们的文明从哪里来"。希望与大众一起上这一课,愿意为此多做一点点事情,植物世界是值得深爱的。

目录

The Journey of Chinese Plants

写在探索前的话
北京世园会形象大使　董卿

假如把地球 46 亿年的历史浓缩到 1 天

崭新的"植物版图"

025
第 2 编　植物的生命历程

027

045

017

059

069

001
第 1 编　导读

003

出发·神农架

植物圈的社交生活

是人类驯化了植物
还是植物驯化了人类

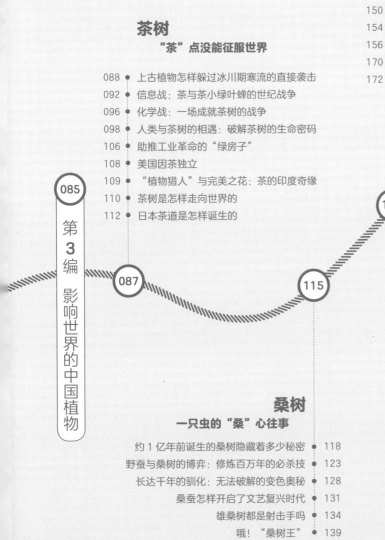

水稻
"稻"底是谁驯化了谁

142 ● 驯化"会战斗"的野生稻
150 ● 水稻怎样完成向高山的迁徙
154 ● 人类亲手塑造的敌人
156 ● 自交万年后为什么要杂交
170 ● 水稻怎样开启了日本的文明时代
172 ● 守望者：无法磨灭的基因记忆

141

茶树
"茶"点没能征服世界

088 ● 上古植物怎样躲过冰川期寒流的直接袭击
092 ● 信息战：茶与茶小绿叶蝉的世纪战争
096 ● 化学战：一场成就茶树的战争
098 ● 人类与茶树的相遇：破解茶树的生命密码
106 ● 助推工业革命的"绿房子"
108 ● 美国因茶独立
109 ● "植物猎人"与完美之花：茶的印度奇缘
110 ● 茶树是怎样走向世界的
112 ● 日本茶道是怎样诞生的

085

第 3 编 影响世界的中国植物

087

115

桑树
一只虫的"桑"心往事

约 1 亿年前诞生的桑树隐藏着多少秘密 ● 118
野蚕与桑树的博弈：修炼百万年的必杀技 ● 123
长达千年的驯化：无法破解的变色奥秘 ● 128
桑蚕怎样开启了文艺复兴时代 ● 131
雄桑树都是射击手吗 ● 134
哦！"桑树王" ● 139

本草
治病救人"本"领大

180 ● 见证过恐龙兴亡的银杏有什么生存奥秘
188 ● 塔黄：一生只开一次花的"高原宝塔"
196 ● 石斛：中药界的"大熊猫"
200 ● 黄花蒿：疟疾克星

水果
"果"然没认出你曾经的样子

206 ● 柑橘家族的伦理大戏
214 ● 猕猴桃：改变新西兰命运的三次相遇
222 ● 拯救正在坍塌的野苹果王国
226 ● 桃的祖先——光核桃的前世今生
236 ● 植物的"诺亚方舟"

179

205

239

大豆
"豆"是蛋白质闹的

268 ● 野大豆的"发射塔"可真厉害
271 ● 野大豆和人类的"第一份合作协议"
274 ● 日本豆腐业的鼻祖竟然是大唐高僧
276 ● "中国野豌豆"怎样变成美国"金豆子"
280 ● 蜜蜂怎样成为破解世界性难题的功臣

267

竹子
谁也"竹"宰不了你的命运

别闹！你怎么会是草呢 ● 240
竹子长成"大树"的秘密 ● 242
竹子崭新的存在形式是什么 ● 246
是不是没有竹子就没有大熊猫 ● 247
洗涤心灵的声音：从一根竹子到一支尺八 ● 251
宁可食无肉，不可居无竹 ● 253
竹子是怎样从中国走向世界的 ● 255
无法破解的告别之谜 ● 259

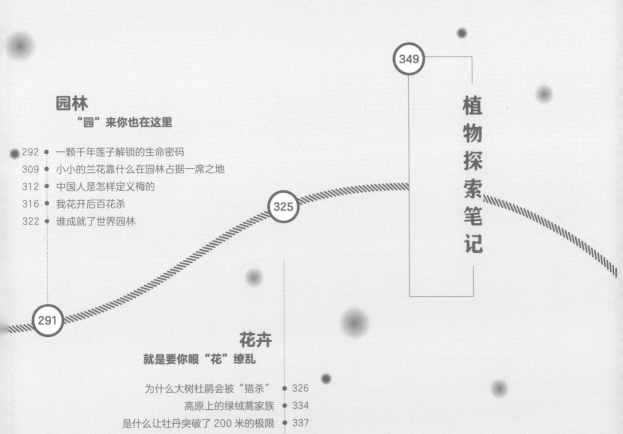

园林
"园"来你也在这里

- 292 一颗千年莲子解锁的生命密码
- 309 小小的兰花靠什么在园林占据一席之地
- 312 中国人是怎样定义梅的
- 316 我花开后百花杀
- 322 谁成就了世界园林

291

325

349

花卉
就是要你眼"花"缭乱

为什么大树杜鹃会被"猎杀" 326
高原上的绿绒蒿家族 334
是什么让牡丹突破了200米的极限 337
人类无法改变的植物本能反应 339
开花植物生命中最关键的一步是什么 346

植物探索笔记

第 **1** 编

导读

写在探索前的话

北京世园会形象大使　董卿

扫一扫，董卿为你导读

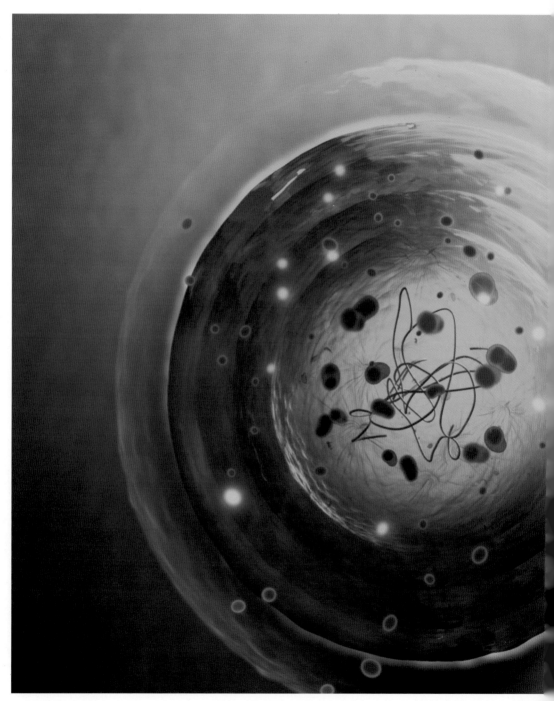

蓝藻

为植物世界打开大门

它，曾经是海洋中的一粒细胞。后来它捕获了阳光，释放出地球最早的氧气。

< 蓝藻特效模拟图

苔藓

陆地上最早的拓荒者 之一

它，不安于水下生活，在潮汐间爬上岸，用矮小的身体拓荒。土地诞生了，地球开始有了绿色。

< 苔藓

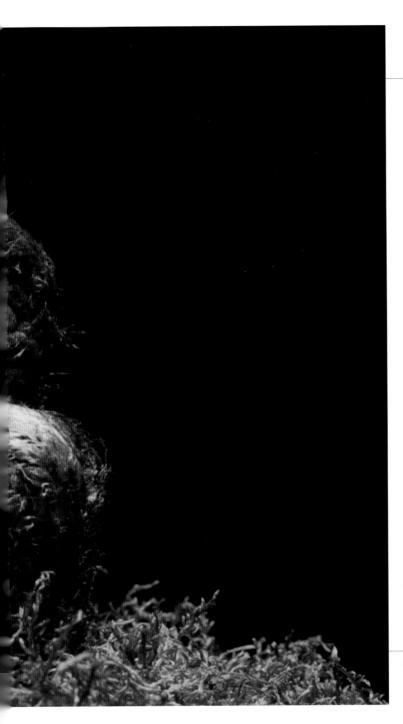

蕨类植物

最早站起来的植物

它，不但扎根大地，还向往蓝天；它站立起来，不断长高。第一片森林出现了。

< 蕨类植物

水杉

较早出现的种子植物

它，曾经历地球上无数的灾难，为了保住种群的基因，它孕育了种子，学会了休眠。一颗颗种子，蕴含着巨大的能量。

< 水杉

辽宁古果

最早的有花植物

就在某一天，它不再只有绿色。花朵诞生了。花是它为繁衍做出的精妙设计，短暂的美丽，赢得动物的协作，让它的领地不断扩张。这是一个繁花盛开的时代。

< 辽宁古果复原图

The Journey of Chinese Plants **013**

植物天堂

滋养了众多的生命

它，给动物提供了繁衍生息的家园；它，为人类文明的诞生编织了摇篮。寻找中华文明的源泉，发现植物的力量，让我们一起进入植物的世界。

< 神农架

出发·神农架

经过几个月的密集筹备，2017年12月，我们开始了中国植物探索之旅，进入神农架原始森林。

神农架，这片位于中国湖北省西部的崇山峻岭，是华中地区的最高点，海拔超过了3 000米，也由此被称为"华中屋脊"。在这里，生活着4 000多种植物，它们每小时通过光合作用释放的氧气量，大约可以满足300人一生的需求。正因为这样，神农架又被称为"中国天然氧吧"。

<冰封的神农架原始森林

　　一月，神农架原始森林进入了全年最冷的时期。气温伴随风雪骤降，一种势不可当的自然力量把这里变成了一个冰封的世界。冰雪袭击了生长在山顶的箭竹，它们正在承受着相当于自身重量几倍的压力。

<遭受冰雪袭击的箭竹

<抵御寒冬的高山杜鹃花

　　高山杜鹃花不得不赶在风雪来临前就把叶子蜷缩起来。冷杉树却可以承受极低的温度，它们紧密排列，共同抵御强风的侵袭。

<抵御强风的冷杉树

扫一扫，看蓝脸小家伙怎样在寒冬觅食

<雪地里啃食树皮的金丝猴

　　当大地一片冷寂、万物蛰伏的时候，在大山深处，我们看到一群蓝脸小家伙——金丝猴正在觅食。

<一只金丝猴在树梢上觅食

　　相比那些无法移动的植物，金丝猴虽然凭借灵活敏捷的身手可以自由行动，但它们依然要面对冬季食物匮乏的艰难。树皮几乎成为它们冬季唯一的食物，维持着金丝猴的生命，帮助它们度过漫长的寒冬。

　　寒冷对于生活在神农架的物种来说，并不陌生。但要扛过数月的冰雪期，这对它们来说仍然是一场生死考验。

　　好在，春天往往会如约而至。

当我们再回到神农架的时候，万物已经开始苏醒，生活在这里的4000多种植物更加清晰地呈现在我们眼前。其中，将近一半的物种都是中国特有的。独特的物种构成了一个神奇的植物天堂。

但这仅仅只是中国的一个区域。在整个中国大地上，生长着超过35000种植物，占据了地球植物全部种类的约十分之一。在亿万年的光阴里，植物滋养了众多的生命，塑造了我们今天的家园。这不禁让人好奇，跨越不同的气候带，在多样的山川地貌之间，植物是如何来到这个屹立于东方之巅的国度——中国的呢？

＜神农架

第 **2** 编

植物的生命历程

假如
把地球46亿年的历史
浓缩到1天

地球形成至今，已经度过了漫长的46亿年。如果把它46亿年的历史浓缩到1天，那么人类在这1天24小时的最后3分钟才登场。人类出现之前，中国大地经历过怎样的沧桑巨变呢？让我们从一次时光旅行，开启植物天堂的故事。

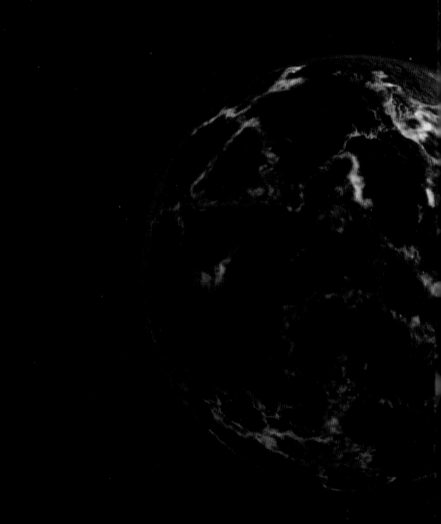

扫一扫，详解植物的起源

午夜，地球是在火山喷发中度过的。

<图注> 浓缩到1天的地球历程·午夜

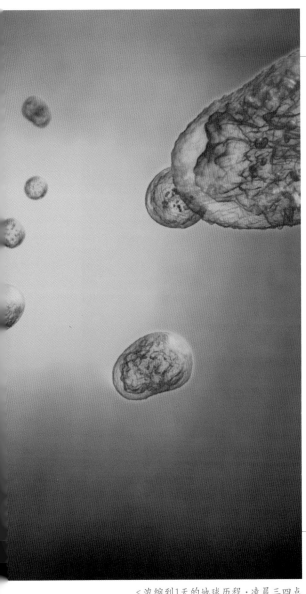

到了凌晨三四点，在海洋里有了生命的迹象。清晨6点多（约35亿年前），更加壮丽的生命乐章开始了：一种蓝藻学会了利用二氧化碳、水和阳光制造生命所需的养分，同时释放出了氧气。这个被称为光合作用的过程，为植物世界打开了大门。

此时，中国的陆地也逐渐从海洋中露出，形成岛屿。

但在相当长的时间里，陆地十分荒凉，没有生机。直到晚上9点多（约4亿年前），一些矮小的生命开始征服陆地。它们用一种近似于根的构造，把自己固定在岩石上。

<浓缩到1天的地球历程·凌晨三四点

<浓缩到1天的地球历程·晚上9点多

　　苔藓，是陆地最早的拓荒者之一。在它们的参与下，土壤形成了，更多的植物可以在这里生存。从此，绿色成为植物天堂的底色。

<浓缩到1天的地球历程·晚上10点

　　随着植物的登陆，陆地变得热闹起来。以植物为食的昆虫，就成了在植物天堂安家的第一批居民。晚上10点（约3亿年前），大自然造就了第一对翅膀。

　　蜻蜓，成为最早征服蓝天的生物之一。

< 桫椤

　　植物也向往蓝天，为了不再匍匐于地面，它们要学会站立起来。蕨类家族，正是最早的成功者。其中的一个分支——桫椤，是中国现存最古老的植物之一。

<杪椤依靠维管束而站立

　　让蕨类家族站立起来的是贯穿身体内部的维管束，它能起到支撑身体并有运输营养物质的作用。

　　这种被称为维管束的结构，类似人体的血管。借助这一武器，植物便可以通过长高来竞争阳光。不同的身高，塑造了一个参差错落的植物世界。

有了生长的秘密武器以后，桫椤也该考虑传宗接代的问题了。这个秘密就藏在桫椤的叶子背面。仔细观察桫椤的叶子，我们发现在叶子侧脉分叉的地方，整齐排列着许多球体，每个球体里都有成百上千个负责繁衍的细胞，它们被称为"孢子"。当孢子成熟，就会陆续弹出，这是桫椤生命繁衍中最重要的一次弹跃。无数孢子弥漫在空中，像是通过一场古老的仪式，重温着最辉煌的过往。但接下来，孢子必须找到水作为媒介，才能完成受精，成功繁衍。

随着陆地不断抬升，大陆框架初步形成。后来，气候越来越干燥，水环境不断减少，昔日分布广阔的蕨类森林，在植物天堂中渐渐被取代了。

如何适应变化的环境，也就成了植物不得不面对的问题。

<桫椤的孢子囊群　　　　　<桫椤的孢子囊群特写　　　　　<成熟后弹出的孢子

<水杉独特的叶子——对称生长

水杉既是这场环境变化的见证者，也是幸存者。

水杉之所以脱离了对水环境的依赖，在环境变化中幸存下来，是源于植物生命繁衍上的一次重要演化——种子。

在湖北利川的小河村，我们探访到水杉原生母树。它的枝头上悬挂着小小的球果，住在球果里的正是它的后代。它在孕育着整个种群的未来。

<水杉果

<秋天的水杉果

从春天跨越到秋天，水杉的叶子变成红色，球果也变了颜色。它已经成熟，即将离开母体。随着球果裂开，新生命降临，它们是植物演化史上最奇妙的发明，人类称之为"种子"。

种子是一株植物最干燥的部分，此刻它正在休眠。外面是坚硬的种皮，起到保护作用，里面有母亲准备的丰富营养，将伴随它之后的路。

种子被风带走，离开母亲的视线，飞向广阔的天地。它会遇到恶劣的气候、不利的环境，并且要忍受漫长的等待。

当遇到合适环境，它便会苏醒、萌发。

仅仅几毫克重的种子，却可以长成几十米高的大树。随着种子的扩散，陆地上的森林越来越繁盛。

<水杉果成熟裂开

扫一扫，目睹种子的出现

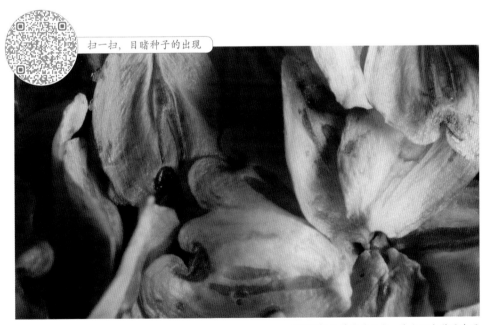

<浓缩到1天的地球历程·晚上10点种子出现

远古

随着时间一点点推进，植物天堂将迎来一种更有效的繁衍策略。这个策略的秘密就藏在一块化石里。

今天

<（辽宁古果变成了化石，人们再由化石还原出了它的花朵

　　一株生活在1.45亿年前的植物，在漫长的时光旅行中变成化石，埋藏于中国辽宁省的地下。科学家在它的顶部发现了植物的重要器官——花，从此它便有了名字——辽宁古果。它是迄今为止唯一有确切证据证明的、地球上最早的开花植物。它的子孙后代们，今天已经成为植物界中最庞大的群体。

<九翅豆蔻和传粉者

　　一株九翅豆蔻，为授粉做好了充足的准备：携带精细胞的花粉和犒劳传粉者的花蜜。

　　蜜蜂第一个造访，它对黄色有着天生的热情，花瓣上的黄色通道正好引导着它进入花的内部。采蜜的同时，蜜蜂身上的绒毛可以轻松地把花粉粘住。它会把花粉带给另一株九翅豆蔻，完成传粉的使命。

　　伴随花朵的绽放，已经存在于世3亿多年的昆虫，迎来了新的角色——传粉者。

　　不过花粉的活力是有时限的，所以花朵不得不对更多的传粉者敞开怀抱，而庞大的昆虫家族也得以不断扩张。

　　但是，这样一来，难免会有意外发生。

<偷食花蜜的昆虫

　　就在我们探访九翅豆蔻的时间里，敞开怀抱的花朵竟然迎来了一个偷猎者。它想吃花蜜，但却不想以传粉作为交换。于是，它用长长的口器，从花瓣外侧刺入偷蜜。

　　虽说偷蜜者的行径不够正大光明，但花朵和昆虫正是在这种不断博弈中，才逐渐达成了互惠互利的合作。和昆虫的协同演化，也塑造了开花植物的强大。开花植物成为植物中最大的胜利者。

　　今天，中国有超过30 000种植物会开花。缤纷的色彩蔓延到每个角落，一个更加壮美的植物天堂形成了。

崭新的"植物版图"

就在开花植物不断繁盛的时
候，中国的地理版图也迎来了一场
巨变，青藏高原诞生了。

欧亚大陆板块

印度板块

欧亚大陆板块

印度板块

< 印度板块和欧亚大陆板块剧烈碰撞

< 大约6 500万年前，青藏高原雏形形成

　　大约6 500万年前，印度板块和欧亚大陆板块发生剧烈碰撞，一个新的高原开始隆起——它就是青藏高原，被称为"世界屋脊"。

　　青藏高原平均海拔高度达4 000米以上，拥有世界上最高的山脉——喜马拉雅山脉。它是世界上海拔最高、中国面积最大的高原，占中国陆地总面积的四分之一以上，约250万平方千米。青藏高原的出现，彻底改变了中国的自然地理样貌。

　　随着青藏高原的隆升，逐渐形成了今天中国西边海拔高、东边海拔低的地势，地理上把这种地势分布简称为"西高东低三级阶梯"。第一级阶梯的平均海拔在4 000米以上；第二级阶梯的平均海拔在1 000 ～ 2 000米；第三级阶梯的大部分海拔在500米以下。纵横交织的山脉、低缓的丘陵、广阔的平原等复杂多样的地貌格局，以及发源于青藏高原的黄河、贯通东流的长江等形成了多样的自然气候条件，也极大地丰富了中国植物物种的种类。

　　中国崭新的"植物版图"就此拉开了帷幕。

中国已知的35 000多种植物，几乎囊括了地球上所有主要的植被类型。高原、荒漠、草原、森林……它们就像是植物天堂里的不同王国。每个王国独特的生态环境都决定着不同的植物分布，这使它们呈现出迥异的面貌。其中位于中国西南部的青藏高原植被区，是海拔最高的植物王国，那里会有哪些神奇的植物呢？

<生长在流石滩上的植物

　　青藏高原东南缘的横断山脉，平均海拔在4 000米以上，这里有一种特殊的地貌——流石滩。它形成于千万年来强烈的寒冻风化。岩石不断崩裂成碎石，滑落、堆积在山脊上，形成了流石滩。看起来一片荒凉的流石滩，却隐藏着生命的奇迹——植物扎根在碎石深处的稀薄土壤里，从石缝中生长出来。

　　在流石滩上，植物间彼此远离，它们以遗世独立的姿态，塑造着中国海拔最高的植物花园。这片位于高山草甸和冰川之间的灰色地带，是生存条件最为恶劣的生态系统之一。

<横断山脉

　　流石滩全年平均温度低于0℃，半年以上被冰雪覆盖，每年只有在几个月的时间里，才迎来短暂的万物复苏。当温暖湿润的西南季风从印度洋刮来，青藏高原的夏季如期而至，巨大的水汽化作降雨散落在流石滩上。雨水顺着碎石的缝隙，滋润着植物的根系。

　　平均四五千米的海拔高度，即便在夏季，气温也随时有可能降到0℃以下。

　　我们在探索的路上就遭遇了夏季的冰雨。

扫一扫，认识雪兔子家族

< 水母雪兔子

植物的准备要比我们这些外来的探访者更加充分。

比如我们的探访目标——水母雪兔子。

水母雪兔子是分布海拔最高的开花植物之一。它们用矮小的身体，走到了其他植物不曾到达的高度。

冰雨从天而降。有厚厚的棉毛覆盖，这让水母雪兔子有了保暖的外衣。这种棉毛结构，是雪兔子家族共同的特征，不仅可以防寒，还可以抵御过多的雨水。

当积云被风吹散，这片流石滩迎来了一个晴天。温度回升，花朵的机会来了。

<雪兔子家族成员

< 苞叶雪莲

　　我们在流石滩上探访到一株水母雪兔子的近亲——同为菊科风毛菊属的苞叶雪莲。它为自己的花设计了一个温室，用半透明的苞片保温，加速花的发育。温室也为传粉者做好了一切准备。苞片里温暖、无风，让熊蜂感到非常舒适。这让它成了造访苞叶雪莲的常客。

<苞叶雪莲的传粉者——熊蜂

　　以传粉为交换条件，熊蜂如愿以偿获取了美食，苞叶雪莲的繁衍任务也完成了一半。

　　青藏高原严酷的环境，限制了传粉昆虫的多样性，熊蜂几乎成为这里最主要的传粉者。开花的季节很快就会结束。在植物分散生长的流石滩上，熊蜂要尽快找到特定物种的花朵，完成彼此间的合作。

<羽裂雪兔子

对于流石滩上的植物来说，时间同样宝贵。

雪兔子一生只有一次开花的机会。为了积蓄开花的力量，它们曾经在碎石下蛰伏长达数年，一旦开花，便进入了生命倒计时。这是一场生命的冒险之旅。随着气温持续下降，寒流就要来了。雪兔子裹着棉毛外衣，用最后的生命能量呵护着种子的成长。

在高原的流石滩上，只有极少的物种能经受住考验，在海拔4 000米以上、接近雪线的地方生存下来。为了适应环境，它们大多具备抗寒、抗紫外线的能力。这些独特的生存本领，让它们成为离天空最近的植物。

等到了秋季，青藏高原高山的色彩会更加丰富。高原牧场的动物们将离开这里，它们要躲避严寒，往更温暖的低海拔地带迁徙。

<绵头雪兔子

　　随着流石滩迎来第一场雪，大地再一次进入漫长的霜冻期。而这些离天空最近的植物，已经把它们的种子播撒在这片广阔天地之中，等待着下一轮生命的冒险之旅。

　　青藏高原上并不都是高寒地带，还有另一个完全不同的世界。这让那些畏惧寒冷，需要足够热量才能生存的植物物种，依然可以在青藏高原找到立足之地。海拔只有几百米的喜马拉雅山脚下，是印度洋暖湿气流进入高原的第一站。在这里，植物们享受着充足的水分和热量，拥有和高海拔植物截然不同的特性。

　　青藏高原是一个垂直分布的植物王国，海拔由低到高，植物由多到少，从喜热到耐寒。在这里，植物的多样性得到最极致的体现。

植物圈的社交生活

青藏高原的隆起，也影响着其他的植物王国。中国西南边境的云南西双版纳，北边有高原作屏障挡住了寒流，南边有印度洋西南季风带来丰沛的雨水，形成了一片原始热带雨林。在中国，这里是植物自然分布最密集的地方，生活着近6 000种植物，约占全国植物物种总量的六分之一。它们释放着大量氧气，维持着大气中的碳氧平衡，让西双版纳热带雨林获得了"地球之肺"的别称。

行走在雨林中，表面上看，这里的植物与昆虫似乎都没什么稀奇。但事实果真如此吗？我们选择先去探访一种叫海芋的植物。找到它的时候，一只名叫锚阿波萤叶甲的甲虫，正在它的叶子上徘徊，看样子是准备饱餐一顿。

森林是个充满危险的地方。一件看似平常无奇的"吃饭"小事，其实隐藏着巨大的陷阱。饱受昆虫啃食之苦的海芋，在漫长的演化中制造出了毒素作为防御。一旦叶片被咬，毒素就会沿着叶脉输送到受损部位，将摄食者置于死地。

然而，道高一尺，魔高一丈。锚阿波萤叶甲是一种非常聪慧的小昆虫，面对海芋的防御，它竟然演化出了令人感到不可思议的技能。每次享用海芋叶子之前，锚阿波萤叶甲都要先完成一项巨大的几何绘图工程。它充分利用海芋启动防御的时间差，用下颚在叶子上快速绘制一个大圆圈，目的是切断叶脉，破坏毒素的传导。然后，它才开始安心地享用这鲜嫩多汁的美餐。

在"吃"面前，物种演化的决心是惊人的。海芋的防御系统，在锚阿波萤叶甲这种小昆虫面前，彻底失效了。这就是热带雨林，物种之间的竞赛驱动了各自的演化，呈现出一个变化无常又异彩纷呈的世界。

<海芋

<锚阿波萤叶甲的 "吃饭工程"

< 梭果玉蕊　　　　< 钻喙兰　　　　< 虎舌兰

< 箭根薯　　　　　　　< 使君子

当白天即将结束的时候，一些植物开始收拢叶片。对光线变化的感知，控制着植物的生物钟。

进入夜晚，雨林逐渐热闹起来。一些昆虫开始羽化，这是它们成年的标志。

在没有冬季的雨林，植物生长与繁衍的时钟被拨快了。它们必须抓紧时间，才能完成绽放。在西双版纳雨林里大约有4 000种植物会开花，这无疑是一场视觉与味觉的竞赛。每种植物都要有一技之长。

< 望天树

　　新的一天来临。一棵高达80米，接近25层楼高的望天树，是这片雨林中第一个享受到阳光的植物。更多的阳光，更充分的光合作用，意味着更多的养分，这让望天树成为雨林中最有优势的树种之一。

　　当阳光从繁茂的树冠中渗透下来，整个雨林都被激活了。热带地区充足的阳光塑造了雨林超高的生态密度，但也让生存空间成为最稀缺的资源。为争夺一隅之地，每个物种都要投入战斗。最富有生机的雨林王国，也就成了最残酷的战场。

随着雨林探索的深入，我们遇到了一棵已经进入生命倒计时的大树——翅果刺桐。杀手正是寄生在它身上的另一种植物——榕树。它的种子曾默默地在翅果刺桐上安家，获取养分，壮大自己。

现在，它已经足够强大。它的武器是气生根，一种可以在空中下垂生长的特殊根系。它一边生长一边缠绕寄主，一旦和地面接触便会形成独立根系，争夺寄主的养分。随着绞杀加剧，作为寄生者的它反而更加强大；而被绞杀的寄主日渐衰弱，再加上同时还遭到其他动植物和真菌的不断侵蚀，更加速了死亡。最终，只剩下绞杀者独自生存，形成了中空的网状树干。

在西双版纳，榕树是少数有绞杀能力的植物之一，它们为争夺一席之地成为绞杀者。但它们却很少对健康的树木下手，往往选择那些衰老的、有疾病的树木。所以对于弱者来说，它们是杀手，是"死神"；可对于整个雨林来说，它们是加速更新的关键力量。在它们纵横交错的网状树干上，储存了雨水和泥土，又成为其他附生植物的温床，最终形成了一片空中花园。

< 黄葛榕

扫一扫，亲临榕树绞杀现场

< 胜利者的网状树干

就在这座空中花园附近，一株梭果玉蕊进入了开放后的第二天，花朵开始陆续掉落。它的美丽虽然很短暂，但新生命的孕育已经在路上。

无意中闯入镜头的昆虫们完成了生命旅程中的羽化，它们成年了。

相比之下，雨林中一株植物小苗的成年却更为艰难，它们往往要等到周围的大树死亡，腾出空间，才有可能实现梦想。

<昆虫羽化

死亡与新生，周而复始，永不停息。

随着绵长雨季的到来，充足的雨水为雨林万物带来了生长的机会，也将带来更多未知与挑战。和西双版纳相似的雨林还分布在中国海南省、台湾省南部和西藏东南部的部分地区。

当雨林里的植物们相互竞争的时候，中国西北地区却是另一番景象。

是人类驯化了植物
还是植物驯化了人类

人类，因植物而定居；植物，随人类的脚步而迁徙。在这片大地上，他们再也没有分开过。从那以后，一批批植物逐渐走进了我们祖先的生活。

< 雅丹地貌

　　新疆，地处中国的干旱区。在强风的不断侵蚀下，这里形成了特殊的雅丹地貌。沟壑之间的土丘，是地质变迁遗留下来的产物。几千万年前，这里曾是湿地，丰沛的雨量和湿润的气候造就了繁盛的森林。可青藏高原的隆起，阻挡了来自东南方向的暖湿气流，使这里的气候变得干旱，最终改变了整个西北地区的样貌：大片森林消失，黄沙取代湿地，堆积成了沙漠。

　　这一次，我们探索的脚步迈入了新疆古尔班通古特沙漠。这里是中国境内离海洋最遥远的地方。水，成为这里最稀缺的资源。但这里并不是生命的禁区，有100多种植物散布在这片将近50 000平方千米的沙海中。

< 幼年梭梭

梭梭就是其中的一员。

梭梭对水的渴望，来自祖辈们的遗传。一方面，梭梭的根系深入到地下2米，甚至更深的地方，努力寻找水源。另一方面，梭梭用鳞片状的叶子，代替了我们所熟知的宽大叶片，这是梭梭家族为了适应干旱的环境而采取的策略，这样能够有效地减少水分的蒸发。

到了秋天，梭梭开始放缓生命的节奏，为迎接寒冷的冬季做准备。

起风了。风，帮助荒漠植物传播花粉和种子，但也将一些植物推向了死亡的边缘。

在一棵树龄几十年的老梭梭身上，我们看到了这场生命的抗争。风带走了它脚下的沙，让它的根裸露在外。长达十几米的根，曾经深入地下寻找生命之水。现在，它已经干枯了。它身体上的每一道裂痕，都是与风沙长期抗争留下的印记。

每一株成年的梭梭，其发达的根系至少可以固定10平方米的土地。当它们连成片时，就可以阻挡风沙，牵制流动沙丘。但在沙漠深处生存的植物，是孤独的。老梭梭放弃了对枝条的水分输送，让它们枯死。它要把需求降到最低，把所有的营养和水分都留给根系。只要根还活着，它就仍有机会。只需要一点水分，它就可以恢复活力。

这样的生命力贯穿梭梭的一生。

当梭梭还是一粒种子时，土壤里微乎其微的水分，就可以让它在几个小时内迅速萌发。它渴望水，却不过多索取。无论多么贫瘠的环境，荒漠植物都可以从土地中汲取养分，又将自己的身体回馈给这片大地。

扫一扫，感受梭梭的生命力

一棵有几十年树龄的老梭梭

中国西北地区以沙漠和戈壁为主的荒漠地带，占中国陆地面积的十分之一左右。这里生活着几百种荒漠植物，它们用极强的抗旱能力，守护着荒漠王国，维持着生态的平衡。

从荒漠王国往东，是温带草原区，处于半干旱至半湿润的气候条件下。草本植物和少数灌木，成为这里的主角。温带草原区的东边和南边，是中国的东部季风区。在这个区域内，从北到南，温度逐渐升高，降雨逐渐增多，形成了截然不同的森林类型。其中，位于北纬30°左右的区域，是极其特殊的中国亚热带常绿阔叶林区。

　　它的独特之处在于：世界上同纬度的其他地区几乎都是荒漠或草原，而在中国却出现了一片植被茂盛的森林。这依然得益于青藏高原的隆起，它改变了亚洲的大气环流，加剧了来自太平洋东南季风的影响，从此亚热带季风气候在这一区域出现了，原本的荒漠地带变成了郁郁葱葱的植物王国。有一种极其特殊的植物就生长在这里，它就是珙桐。

< 植物分布示意图

扫一扫，揭开珙桐的身世

< 珙桐

珙桐将一部分绿叶演化成苞片，随着花序成熟，苞片从嫩绿色逐渐变成白色。白色的苞片，在绿色中随风飞舞，等待着过往的昆虫为它驻足。西方植物学家称它为"中国鸽子花"，并将它引种到西方园林。而它引起世界的关注不仅因为美丽的花型，还因为它独特的身世。

<珙桐

　　珙桐是古老的开花植物，它们的祖先曾遍布北半球。直到200多万年前，地球开始大幅度降温，全球有三分之一的大陆被冰雪覆盖。地球四季寒彻，大片森林消失，大量生物死亡甚至灭绝。

　　这次全球降温，被称为"第四纪冰期"。

　　当冰川期降临，中国复杂的地形、险峻的山地，抵挡了北方大陆冰盖的破坏，成为众多古老生物的避难所。

　　当冰川期结束，天气开始回暖，地球的春天来了。

　　珙桐在中国得以幸存，延续着种群的古老基因。

　　这些起源久远的植物，大多曾在全球广泛分布，现在却已大大衰退，只在很小的区域得以幸存，因此被称为"孑遗植物"，是极其珍贵的活化石。在中国，像珙桐这样的孑遗植物有100多种，如鹅掌楸、金花茶、桫椤、水杉、银杏和苏铁等。

<子遗植物·鹅掌楸

<子遗植物·金花茶

<孑遗植物·银杏

<孑遗植物·苏铁

第四纪冰期也为中国大地带来了另一个重要影响。

干冷气候让来自西北的沙尘不断堆积在黄河中游地区，形成了黄土平均厚度将近80米的黄土高原。在这里，植物与一个新物种相遇了，那就是人类。

在距今大约 10 000 年前，生命力顽强的野草走进了中国先民的生活。经过上千年的驯化，粮食作物——稷（当时的中国先民把黄米和小米统称为稷）诞生了。和它的祖先一样，稷耐旱的特性，让它可以在北方地区被大量种植。

黄色的土地给予它生命，奔腾而过的黄河浇灌着它，被人类驯化的野草，结出了金黄色的穗子。在接下来的几千年中，它是中国北方地区人类最重要的食物来源。

几乎是同一时期，水稻的成功驯化发生在中国南方的长江流域。与干旱的北方不同，这里温暖湿润，依水发展起来的稻作农业逐渐形成并扩大。

< 小米

随着人类对稷和水稻的驯化，在中国大地上，两种不同的农业模式出现了。从肆意生长的植物到被驯化管理的作物，植物的命运被人类改变了。而同时，人类的命运也随之改变。

跟随着被驯化作物的生长规律，人类严格地按照时令耕地、播种、收割，从此告别了狩猎和流浪。

人类，因植物而定居；植物，随人类的脚步而迁徙。

在这片大地上，他们再也没有分开过。

从那以后，一批批植物逐渐走进了我们祖先的生活。

8 000年前
大豆用一粒种子，饱满了无数生命。水稻用它的种子，塑造了我们的血肉

4 000年前
桃用清甜的果实，丰富着人的味蕾

2 000年前

茶树走出森林，用一片片树叶滋养了万千生灵。桑树用它的叶子，成就了世界文明的丝绸之路。

今天

黄花蒿帮助成千上万的人逃离了疟疾的魔爪

从衣食到住行，从药用到审美，一个丰富的植物天堂孕育并见证了一个文明的诞生。

这个植物的天堂，不仅塑造着中国，也在影响着世界。曾经是，未来仍是……

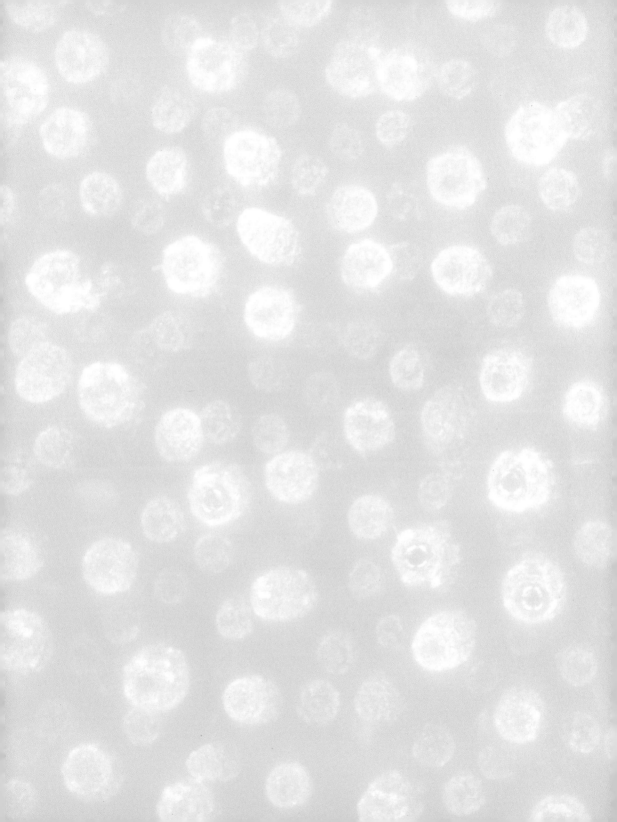

第**3**编

影响世界的中国植物

The Journey of Chinese Plants

茶树
"茶"点没能征服世界

茶叶，挑起风起云涌的战争，也带来经济的发展。茶叶，演绎出绵延的文化，被世人传颂，直至成为人类精神的一部分。茶树以叶扬名，在其盛名之下，茶树似乎隐去了自己的身份。似乎人们心中的茶，约等同于茶叶。现在，全世界有 60 多个国家产茶，约 30 亿人饮茶。但实际上，茶叶只是茶树带给这个世界的礼物，在其辉煌的背后，是茶这种植物繁衍策略的极大成功。

上古植物怎样躲过
冰川期寒流的直接袭击

森林养育了众多植物。我们即将带领大家走进的这片位于中国西南部、喜马拉雅山东麓的森林，只因为孕育了一种树木，而被人们铭记。这种树在密林中看上去非常普通，既没有令人惊艳的花朵，也没有甘甜的果实，但却牵动着全世界60多个国家的经济，影响着全世界30亿人的生活。

它的名字是茶树。孕育它的这片土地，在亿万年前，就是植物的发源地之一。在喜马拉雅山脉及其他山脉的庇佑下，这片区域躲过了冰川期寒流的直接袭击，众多上古植物幸免于难，茶树就在其中。茶树家族历经磨难，即使到现在，对个体来说，要生存下去依然困难重重。

在这片森林里，我们找到了一株刚发芽的小茶苗。它才顶开厚厚的枯叶层，长出两片新叶，身高甚至还不到10厘米。在距离这片森林的顶层还有几十米的高度时，它就已经陷入生长的困境。此时，阳光成了它最迫

< 中国西南部·喜马拉雅山东麓的森林

切的需求，可天空被茂密的冠层覆盖，仅留下不多的空隙允许阳光穿过。更糟糕的是，从高到低，一层层枝叶纵横交错，留给它这样矮小植物的阳光不仅稀少而且零散。

要在这里存活下去，长高是它唯一的办法。可是要怎样才能快速长高呢？

拥有上古基因的茶树，首先选择生长出发达的根系。虽然它地上的部分看起来瘦弱纤细，但它的根早已经向下长出茎干高度的两倍长，在地下开辟了新的领地，以支持地上部分的生长。让人担心的是，这会不会将它自己带入另一个困境呢？

我们遇到它的时候，正好是6月。来自印度洋的西南季风带来了丰沛的雨水，森林里的植物沐浴其中，焕发生机。这本来是好事，但问题是时间。亚热带季风气候让这里的雨季常常持续半年之久，这对植物来说就变得难以承受。如果长期浸泡在水中，根部就会腐烂。让人意想不到的是，茶树早为这一切做好了准备，秘密就在它们选择栖息的土地上。茶树往往选择生长在斜坡上，让雨水顺着斜坡流走，树根也就可以安然度过漫长的雨季。这是茶树的又一个生存本领。就这样，一株小茶树花费几十年的时间去适应

<茶树

这片森林的环境，顺利成长为茶树界的"少年"。有了更加强壮的身体和更多的叶子，它就可以捕捉更多散落在森林里的阳光，利用阳光的能量，合成生长所需的养分。对茶树来说，叶子就是它生长的引擎。保护树叶自然成了头号任务。但是，一种长期以茶树叶子为食的昆虫，给茶树带来了巨大的威胁。它叫茶小绿叶蝉。

信息战：茶与茶小绿叶蝉的世纪战争

长期依赖茶树为生，茶小绿叶蝉的身体演化成了与茶树叶子同款的绿色。它们的体型非常小，体长只有3.5～4.0毫米，看起来不足为惧。但是当它的针状口器刺入茶树叶片，吸食里面的汁液时，叶片的组织就会遭到破坏，让叶片变得枯黄卷曲，失去光合作用的能力。更糟糕的是，茶小绿叶蝉的繁殖能力极强，一年可发生8～12代，且世代交替，它们成群结队地对茶树叶片进行大肆破坏。面对茶小绿叶蝉的大举进攻，茶树该怎样防御呢？它们无法通过肢体来消灭敌人，但在漫长的演化中，建立起了一套充满智慧的反应机制。

当茶小绿叶蝉的针状口器刺入，口腔分泌物接触到茶树叶片时，茶树体内的反应机制马上就会启动。接着，茶树会迅速释放出带有特殊气味的信息素。这些信息素能够通知敌人的敌人：猎物来了，它就在这里！

<茶小绿叶蝉的针状口器刺入茶叶

<被茶小绿叶蝉破坏的茶叶

茶小绿叶蝉对茶树叶片发起进攻，茶树体内的反应机制启动，释放出信息素

一只猎蛛接收到带有特殊气味的信息素

它闻讯赶来，锁定猎物

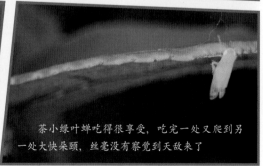

茶小绿叶蝉吃得很享受，吃完一处又爬到另一处大快朵颐，丝毫没有察觉到天敌来了

一道黑影闪过，猎蛛突然发动攻击。它的速度实在太快，拍摄镜头都输了，只能捕捉到一道残影

扫一扫，亲临战场

猎蛛狠狠地咬住茶小绿叶蝉，将它压在身下

茶小绿叶蝉不甘心，试图反抗。但猎蛛没有给它任何机会，用一整套连贯的动作直接消灭了它

茶小绿叶蝉战败了，茶树凭借古老的防御机制获得胜利

化学战：一场成就茶树的战争

信息素成功帮助茶树完成了一次又一次防御。但是，仅靠信息素，茶树只能抵御像茶小绿叶蝉这种特定的害虫，却无法抵抗森林里无处不在的破坏性细菌和真菌。它们无孔不入，以一种极其缓慢并且难以阻挡的方式侵袭茶树。

如果茶树叶片受到破坏性细菌或真菌的感染，树叶就会凋落，茶树将失去生长的动力，直至死亡。

为了对抗这些虎视眈眈的敌人，茶树演化出独特的化学防卫机制，生成了隐藏在叶片中的咖啡碱和茶多酚等物质。这些化学物质具有抗菌和杀菌的作用，它们像一层隐形的屏障，保护着茶树，使其远离有害细菌和真菌的侵害。

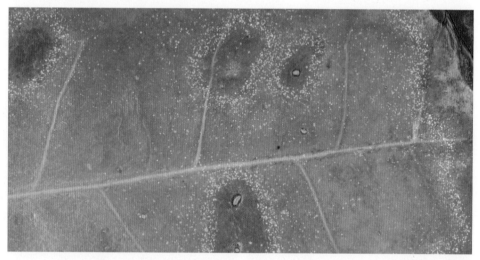

< 茶树的化学防卫

<茶树的花与果

当茶树顺利成年，当年毫不起眼的茶苗，摆脱了底层的阴暗，拥有了足够的阳光，一跃成为森林的主人之一。

但是，身处森林的高层，新的烦恼随之而来——它必须要面对直射的阳光。直射的阳光会灼伤它的叶子，所以茶树不得不谨慎地控制自己的身高，和森林的顶层保持着合适的距离。

茶树做出种种努力，最终目的是为了将种族延续下去。

种子，承载了茶树的所有期望。茶树的果实成熟时间漫长，如果从花芽分化开始计时，大多需要将近一年半的时间。如此长的孕育期，让茶树有了与众不同的现象：常常是上一年结出的果实还没有成熟，这一年的花朵已经开放。

花与果同时挂在茶树枝头，形成了"带子怀胎"的奇观。等到褐色的果皮裂开，茶树种子将纵身跃向大地，静静地等待合适的时机，准备再次破土而出。

人类与茶树的相遇：破解茶树的生命密码

茶树与人类可能有过无数次擦肩而过，但第一次真正的相遇，或许和森林里的哺乳动物有关。有一种猜测认为，人类曾看见猴子采食这种树叶，于是也开始食用这种叶子。我们无法回到几千年前，见证人与茶树的第一次相遇，但仍然能从茶树的发源地——中国西南地区一些古老民族的生活中得到启发。于是我们来到云南省西双版纳的基诺乡，探访古老的基诺族。基诺族人的生活离不开茶。在当地，沿袭着一种"凉拌茶"的饮食习惯，这是基诺族最具特色的茶文化遗产之一。

在劳作之余，基诺族人擅长采集食材，为自己补充能量。能振奋精神的茶叶自然成了食材的一种。基诺族人是采集植物的高手，能找到的食材有四五十种之多。他们将鲜嫩的茶叶和采集到的其他食材放

< 正在吃茶树叶的猴子

在竹筒中舂碎，之后在香料的"辅佐"下，茶叶变得美味可口。这是人类在探索茶叶的食用方法时做出的尝试之一。传说，神农尝百草发掘了茶叶的药性，于是茶叶也被作为药物而广泛使用。茶叶在作为食材之外又是一味药材，需求的增加促使驯化随之而来。

在云南省凤庆县香竹箐，生长着一棵有3 000多年树龄的古茶树。其树冠庞大、枝叶茂盛，人们称它为"锦绣茶祖"。它是人工栽培型茶树的代表。"锦绣茶祖"仍然保持着乔木树型，高度超过10米，长年享有充足的阳光。这使它的叶片能充分生长，变得硕大肥厚。但相比野生型茶树，"锦绣茶祖"已经显现出人为矮化的痕迹。

最初，茶树的生长区域是在靠近热带季风气候区不远的亚热带季风气候区南缘。但当它们来到远离热带季风气候区的亚热带季风气候区腹地和温带气候区，环境温度降低、降水量减少，这让乔木茶树难以适应而被淘汰，只有那些小型茶树才能够适应新的环境而生存下来。

< "锦绣茶祖"

随着人类活动范围的进一步扩大，茶籽被带到几千千米外的地方。清朝年间编纂的《四川通志》里留有关于种茶的文字，可能是人工种植茶树最早的文字记载：西汉时期，吴理真在四川蒙顶山手植七棵茶树，后世称其为"茶祖"。但是此时，茶树已经发生了巨大的改变——高不盈尺，叶片细长。这与森林中的野生大茶树相去甚远。

茶树的这种变化，是为了适应环境，出土就开始分枝，丢弃主干变成不足一米的低矮灌木。同时，它尽可能地缩小叶片，并在最脆弱的顶芽上生出白毫。这些白毫具有一定的保温作用，可以保护顶芽免受冻害。此外，它还加厚叶片的蜡质层，这就使得灌木茶树的叶片比大茶树的叶片更加坚硬，足以抵抗漫长的寒冬。

灌木茶树是家族中身材最为矮小的一种，但它的生命力却最为顽强。

茶树每跨出新的一步，人类都在观察。低矮的茶树更能适应新的环境，并且更容易采摘。于是人类更倾向于栽培灌木茶树。

在年复一年的循环中，以最初的茶树为中心，茶树完成了家园的建设，安居在森林之中。

但如果仅此而已，茶树也许只能坐落在世界的一角，而不会以叶子征服地球。直到遇见

< 灌木茶树顶芽上生出的白毫

这个星球上的另一个物种——人类,茶树的征程才得以拉开序幕。人类成为茶树有史以来最有力的传播者,适应性变强的茶树追随最初发现它的中华民族,在这片广袤的土地上四处延伸。早在公元8世纪的唐朝,茶树就已经到达北边的秦岭,东边的长江中下游地区,几乎"占据了"中国的半壁江山。但是和茶同属的约280种其他山茶属植物,如油茶、五室金花茶等却无法复制茶的这种成功。

是什么让茶脱颖而出?

科研工作者借助现代科技手段,破译了茶树基因组,从中找到了关键所在。茶树在它的演化历史上,曾发生过两次全基因组重复事件,同时还有很多的基因显著扩增。这就导致茶树叶片中,合成风味化合物的关键酶基因数量明显增多,而其他山茶属植物在这方面就逊色很多。原本,特定基因拷贝数显著扩增的目的是为了增强茶树抵御灾害的能力。但是在这个复杂的过程中,伴随一些酶基因的扩增,三种深受人类喜爱的特殊物质在茶树叶片中也显著地增多了,它们分别是茶多酚、咖啡碱和茶氨酸。

这三种物质彻底改变了茶树的命运。

茶多酚具有杀菌作用,能够帮助人类抵抗一些有害细菌;咖啡因虽然不能杀菌,但人类也喜欢它带来的神清气爽;而茶氨酸具有类似味精的鲜味和焦糖香气,能给人带来愉快的口感,打破了茶进入人类口中的最后一道屏障。当人们从饮用的茶汤中获得精神的振奋、口感的享受时,茶汤也就从药汤中慢慢脱离出来。

< 安徽农业大学茶树生物学与资源利用国家重点实验室韦朝领教授（右一）和同事在研究茶树叶片

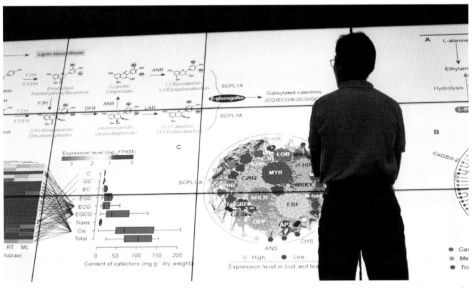

< 韦朝领教授向我们介绍科技手段破译的茶树基因组信息

茶叶的身份就此转变，从药用变成饮品。

这种转变扩大了茶叶的使用范围，因为人不会每天服用药材，但可以每天都喝上一杯茶。茶叶开始作为先锋，为茶树的扩张带来前所未有的动力。可是新鲜的茶叶不容易储存，怎样才能保留茶叶的风味，让它那令人愉悦的口感不会流失呢？这个迫切的需求催生出制茶工艺。在四川雅安有一种茶，是现今茶类中历史十分悠久的一种。它的制作过程粗犷、原始，制成的茶叶颜色黝黑，和新鲜茶叶的本色相去甚远，所以被命名为"黑茶"。

制作黑茶，对茶叶的重塑，借助了火的帮助。茶叶自茶树上采下，并不需要经过太多挑选，粗犷的制作手法让所有采集的叶片都能物尽其用。离开茶树的叶子，体内的氧化酶会破坏茶叶的风味物质，茶叶的活力进入了倒计时。

怎样才能阻断这种消耗？由火带来的热量发挥了关键作用。将茶叶放入滚烫的铁锅中进行翻炒，这个过程被称为"杀青"。杀青使酶在高温下失去活性，没有了酶的催化作用，风味化合物在茶叶中保存下来。同时，青草味在这个过程中散失，使茶叶更适合饮用；茶叶失去水分，也变得更容易储存。虽然失去了生命的颜色，叶的本体已死，但茶却保存了下来。当茶叶经过层层工序，被打包成团，挤压成砖，它可以经过几个月的运输却不变质。这样一来，黑茶就能被运到数千千米外的青藏高原。

青藏高原环境恶劣，植物匮乏，当地的人们就用茶和酥油混合成酥油茶以补充维生素。茶叶融入当地饮食，成了藏族人民必不可少的食品。茶叶离开茶树，以另一种形式打破了地域的限制，走到了更远的地方——不仅走到中国西南、西北边疆地区，还途经不丹、尼泊尔、印度，直抵西亚地区。

茶叶的普及，使有关茶的文化活动增多。宋代人喝茶的方式是把茶碾成粉末，茶末和茶汤同时喝下，所以当时流行一种叫"茶百戏"的古茶道。它类似今天的咖啡拉花，成为文人间流行的娱乐活动。

除了茶百戏，宋代还有著名的御茶——龙凤团茶，但龙凤团茶的制作太过劳民伤财。到了明代，开国皇帝朱元璋诏令全国制作散茶。

这是茶叶工艺史上的一次重要改革。在这次的改革中，一种重要的茶类由此诞生，并将在接下来的几个世纪中，推动着茶树"征服"世界。但它还需要找到一个强有力的帮手。当时的英国与茶叶刚好成全了彼此。

< 茶百戏：茶汤中如水墨画般的图案须臾即灭，又称"水丹青"

助推工业革命的"绿房子"

茶叶在中国经过几千年的发展准备，终于成熟。1610年前后，一种红褐色的茶叶被荷兰商人从中国带到了欧洲，它有一个独特的名字——"Bohea Tea"。"Bohea"是"武夷"的谐音，这种红褐色的茶叶就是来自福建武夷山的红茶。

神秘东方与神奇树叶的组合，让红茶在西方引起了关注，特别是征服了当时如日中天的英国。茶叶最开始进入英国，因为稀少，所以只被贵族享用。他们在红茶中加入牛奶和糖，搭配甜点，举行下午茶聚会。随后，英国从上至下，饮茶之风悄然兴起，并在一个特殊时期，使茶叶成为一个庞大群体的生活必需品。这个特殊时期就是18世纪60年代到19世纪40年代，当时英国正在进行工业革命。工厂的大量出现促使工人阶层开始形成。工人的工作时间比农业社会大大延长，并且需要时刻保持注意力，因为工业生产流水线容不得一点差错。这时，茶能够帮助他们补充能量和精力，给予他们抚慰。英国政府迫切需要进口大量茶叶，以支撑这场不仅将他们，甚至将整个世界带入一个新阶段的工业革命。当时的英国，遍布着能够为工人们提供茶的"绿房子"。而在今天，我们依然可以在英国街头看到一些绿色小茶店。店里的茶价格非常便宜，一杯只需要几块钱，是这里卖得最好的饮料。这种被称为"green shelter"的小店，中文直译为"绿色的庇护所"，被大家亲切地称为"绿房子"。

< "绿房子"

< 馆长大卫·威利演示在坦克里泡茶

早在工业革命时期，工人们都喜欢聚在这里，为的是在工歇时间喝上一杯茶。茶中咖啡因的提神作用，加上牛奶和糖的能量，可以帮助工人快速恢复体力，以更好的状态重新回到生产线上。当时的英国政府看到了茶的好处，积极扶持"绿房子"这样的茶店。

茶，使"绿房子"得以存在，给予工人支撑，而这些工人最终推动工业革命取得成功，让整个世界开始从农业社会踏入工业社会。得到工业革命的助力，英国一跃成为当时世界上发展最快的强国，并在世界各地发动战争，试图扩大自己的版图。但是硝烟弥漫的战场也无法让英国人放下茶叶，他们甚至为茶配备了专门的设备。

在英国博文顿坦克博物馆，我们见到了这种设备。这里陈列的坦克内部构造复杂、空间拥挤，但英国人还是设法塞进去了一个四四方方的铁盒——用来烧水的蒸煮器。泡茶时，只需要按下它的开关，热水就会源源不断地流出。有了它，坦克里的士兵不必下车，在车上就可以很方便地享用热茶。残酷的战争中，来自家乡的一杯热茶带给他们温暖，也带给他们力量。这种传统一直延续至今，现在英国士兵的配给中仍然保留了茶叶。

美国因茶独立

与已经能给士兵配备大量茶叶的时期不同，在茶叶刚刚进入英国的时候，珍稀、昂贵的茶叶甚至成为引发战争的导火索。

这场战争就是由波士顿倾茶事件引发的美国独立战争。

1773年，英国颁布了《茶税法》，允许东印度公司直接将茶叶运到英属北美殖民地销售，这使得殖民地的茶叶价格大幅降低，走私茶叶变得无利可图。殖民地商人便共同抵制英国的茶叶和税法。最终在1773年12月发生了"波士顿倾茶事件"。

当时，一群反抗者化装成印第安人，把东印度公司的一整船茶叶全扔进大海。

英国议会为压制殖民地民众的反抗，在1774年3月颁布了一系列惩罚性的"强制法令"，剥夺了殖民地人民的政治权利。

这使得反抗更加激烈，最终导致了1775年4月19日，美国独立战争在列克星敦打响了第一枪。1776年7月4日的大陆会议通过了托马斯·杰斐逊起草的《独立宣言》，宣告了美国的独立。

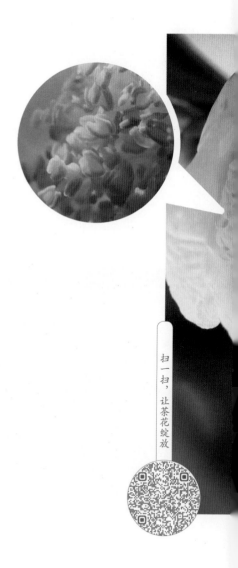

扫一扫，让茶花绽放

"植物猎人"与完美之花：茶的印度奇缘

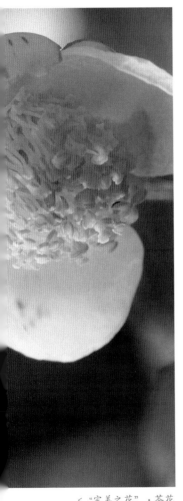

　　战争仍然无法改变茶叶只有中国能够生产的状况。在英国人看来，茶树的全球化种植已经势在必行。他们找到了一个人和一片土地，茶树开始向中国以外的区域传播。这个人就是"植物猎人"罗伯特·福琼。

　　在19世纪中期，他受英国派遣，多次到中国寻找到优质的茶种。最终，罗伯特·福琼带走了约2 000株茶苗、17 000颗种子。这些茶苗和种子翻山越岭，漂洋过海，踏上了祖辈们难以想象的旅程。这趟旅程的终点是位于喜马拉雅山另一边的印度。在异国他乡，茶树再一次面临完全陌生的环境。幸运的是，背靠喜马拉雅山的大吉岭，与茶树的原生环境相似，茶树喜欢这里的一切。此外，茶树独特的授粉机制早已为这一步打下了基础。

　　茶树的花朵被植物学家称为"完美之花"。在一朵茶花上，既有雌蕊也有雄蕊。本来雌雄蕊之间依靠一阵风就可以完成授粉，但是茶花反而将自己的花粉阻挡在外，只接受其他植株的花粉。这种异花授粉的方式，大大增加了授粉的难度，但是这一选择对于种族来说意义重大。因为这让茶树之间的基因不断重组，从而产生更有优势的植株。这种不断舍近求远的累积，让茶树即使在陌生的印度大地也能顺利定居。

< "完美之花" ·茶花

茶树是怎样走向世界的

茶树在印度的成功种植，证明了茶树全球化的可能，但这只是第一步。茶树想要走得更远，还是需要靠茶叶征服更多的人。但是人工制茶费用太高，要走向全球，茶叶还需要更大的生产量和更低的价格。

此时，由茶叶推动的工业革命又反过来助推茶叶生产。

印度的茶园已经是工业生产的一部分，更适合被称为"种植园"。在这里，茶树变成像水稻一样的农作物。能影响茶叶产出的因素被严格控制，比如茶树的高度、茶树间的距离、灌溉沟渠的数量等。从茶园上空看去，茶树像一个个方格填满了整个拼图。就连遮阴树也是经过严格挑选的。这些树木顶篷高大而叶子细小，即使有落叶，它们也会从茶树间隙掉落下去，而不会影响茶树的光合作用。

这些茶树几乎同时完成生长新叶的任务，以满足工业生产所需要的足够多的茶叶原料。这些茶叶被采茶人统一收割送进工厂。

<从高空俯瞰印度茶园

但接下来的制作工艺却和中国保持全叶的制茶理念正好相反。印度工人把经过萎凋的茶叶直接投入压碎机压碎，形成细小的颗粒。这让茶叶化整为零，在运输和储存过程中尽量地减少折损。

这种制茶方式是工业革命为茶叶提供的最大启发。这些颗粒堆积在一起，在风与热的作用下，氧化成红褐色，成为红碎茶。虽然红碎茶到这一步与中国茶叶在外形上已经相去甚远，但是用氧化原理制茶，学习的仍是中国红茶的制作理念。这时，茶叶距离它的"全球化梦想"又近了一步。但茶叶的运输和制作一样耗费人力。英国人为了降低运输费用，在印度兴建铁路。因此，从某种意义上来说，是茶叶带动了印度铁路系统的发展。从种植到制作，茶叶生产的每一步都被严格控制，价格逐步趋低。在此之前，印度是个不饮茶的国家，如今，茶铺遍及大街小巷。印度的成功激发了全球茶树种植的热潮。茶树从亚洲出发，19世纪80年代进入欧洲，20世纪初征服非洲大地，20世纪20年代传入美洲，约同一时间进入大洋洲。今天，全世界已有60多个国家种茶，约30亿人口饮茶。

扫一扫，跟茶树一起漫游世界

< 为运输茶叶而建的印度铁路

日本茶道是怎样诞生的

大部分时间，茶只是一种可口的饮品。但在日本，茶的作用却远超于此，参与了人类精神世界的构建。

这种构建源自僧人。自从茶叶提神的功能被僧人发现，就被僧人引入凝神专注的禅修之中，而茶平和清静的个性，让它恰如其分地融入了僧人的清贫生活。僧人一度成为传播茶叶的先行者。唐朝时，就陆续有日本僧人尝试把茶带回日本，但当时茶并不为大众所知。直到宋朝时，一位叫荣西的禅师撰写了两卷《吃茶养生记》，才在日本推广普及了茶。日本僧人在饮茶中体会禅意，感悟饮茶同是禅修的"禅茶一味"精神，由此孕育出了日本茶道。

茶道，被当作日本最高的待客之道，他们甚至为此建造专门的场所——草庵。

由此，日本的茶道开始注重营造一种回归自然的氛围。由荣西禅师创立的建仁寺中，有一座名叫"东阳坊"的草庵，环境清幽，让人即使身处都市也好像置身于森林之中，被许多日本民众称之为"市中的山居"。

茶室外的庭院被称为"露地"，露地中有一段小径，意在阻断茶室与外部世界的联系。当来客踏入露地，行走在花草掩映中，就会逐渐放下世俗琐事，平心静气。

单纯的饮茶不是茶道的目的，人们更加注重的是由茶提供的这一段清寂时光。茶道中有"一期一会"之说，意思是

扫一扫，了解日本茶道

<东阳坊

每次茶会都不能再重来。因此，大家都应把每次茶会当作最后一次相见，珍惜每次相聚的时光。饮茶的每一步都已经成为一种仪式，客人们传递着茶碗，共饮一碗茶，世俗的身份差异也在茶中消解。墙上挂着古朴的书画，室内插放着当季的鲜花，身边坐着坦诚相对的友人，人们身处茶香萦绕的空间之中，静静体会着自然和生命的意义。而其中的茶，最终超越饮品，成为人类意识的一部分。

　　茶叶挑起风起云涌的战争，也带来经济的发展，直至成为人类精神的一部分。茶树以叶扬名，在其盛名之下，茶树似乎隐去了自己的身份。似乎人们心中的茶，约等同于茶叶。而实际上，茶叶只是茶树带给这个世界的礼物，在其辉煌的背后，是茶这种植物繁衍策略的极大成功。

　　这种从中国西南森林走向世界的树木，被瑞典生物学家卡尔·冯·林奈在1753年命名为"中国茶树"。

桑树

一只虫的"桑"心往事

　　早在新石器时代，中国人的祖先就在桑林中发现了蚕的秘密。他们为了获得这种昆虫吐出的丝线，开启了长达千年的对桑树的驯化历程。

＜青藏高原

约1亿年前诞生的桑树隐藏着多少秘密

有一种叶子，它拥有强大的蛋白质生产能力，这是福也是祸。

有一种昆虫发现了这种叶子的秘密，从此把它作为主要食物，享用它含量丰富的蛋白质和其他营养物质。慢慢地，这种昆虫不再以其他食物为"主食"，而它自己也变成了蛋白质的储藏者。这是昆虫的秘密。当叶子和昆虫的秘密被人类发现，三者随即上演了一场互相依存、互相博弈的生命大戏。这场戏，上演了5 000多年，如今还在继续。在这场生命大戏里，作为主角之一的叶子生长在一种树上。

这种树，叫桑树。隐藏在它身上的秘密，还要从青藏高原说起。

青藏高原，世界上海拔最高的高原。

在纯净但氧气稀薄的天空、巍峨但又冰冷的雪山下，是一片对生命极为严苛的土地。发源于青藏高原的雅鲁藏布江，携带着冰川雪水奔涌而来，滋养了河流两岸的生命。在约1亿年前，这里正是桑树的诞生地之一。直到今天，仍然有许多野生桑树生活在这里。

这里是桑树的故乡。

<雅鲁藏布江流域

南迦巴瓦峰下，一棵大树静静伫立。它已经在高原上度过了1600多个春秋，是地球上现存最古老的桑树。当地人把它称作"桑树王"。

在距离"桑树王"不远的地方，一株刚刚出生的桑芽，即将迎来生命中的第一个春天。高原的春天异常短暂，它必须尽快长大，以应对即将到来的生存压力。春风拂过，气温快速上升。深埋地下的树根，敏锐捕捉到温度的变化。生命通道迅速打开，源源不断的水分从根部被输送到树冠。一场"阳光追逐赛"拉开帷幕。为了捕捉阳光，所有桑叶都奋力生长。快速生长，需要消耗大量的养分，储存了一个冬季的养分急剧减少，它急需合成足够多的蛋白质来满足生长发育的需求。

蛋白质是构成生命的基础物质之一，包括人和动物在内，生命成长的所有过程都需要它的参与。位于桑树根部的"指挥中心"，将土壤中吸收的氮元素输送到叶片，在阳光和水分的共同参与下，快速合成蛋白质。成千上万片桑叶参与其中，源源不断地生产出蛋白质。

扫一扫，看看桑叶是怎样生长的

<　"桑树王"

叶片中"老化"的蛋白质也不会被白白浪费。它们被降解为组成蛋白质的基本单位——氨基酸，然后输送到新叶等代谢旺盛的部位，用来合成新的蛋白质。

桑树为什么拥有如此强大的蛋白质生产能力，至今是个谜。借助科研设备，我们试图破解桑树家族的秘密。

仔细观察它的叶片，我们发现这是桑树捕捉阳光的重要器官。通过叶片的光合作用，桑树获得满满的能量。同时我们还发现，仅仅在桑叶中，就有2 000多种蛋白质。

桑树基因的破解，让我们有了重大发现。

在过去的1亿年间，桑树基因的演化速度是同类植物的3倍，因此它们拥有强大的生存能力。此外，桑树还拥有令其他植物和人类望尘莫及的长寿基因。

假如没有一种昆虫的出现，桑树是会长寿的。

扫一扫，参与这场有趣的试验

< 桑树根部的"指挥中心"（示意图）

随着桑叶快速生长，隐藏在树上的虫卵结束了长达一个冬季的休眠，开始孵化。其中有一种昆虫，叫作蚕。蚕吃桑叶几乎已经是所有人心目中的常识，你甚至想不出蚕的第二种食物。但这到底是天生喜欢，还是被迫接受呢？

为此，我们的科学家做了一项试验，试图找到蚕对桑叶情有独钟的秘密。实验室里，我们为即将出生的蚕宝宝准备了食物。除了它们钟爱的桑叶，还有味道浓烈的青蒿、鱼腥草和莴苣叶，用来干扰它们的注意力。

没多久，蚕宝宝诞生了。经过一个冬天的蛰伏，它们早已饥肠辘辘。

蚕的视力很微弱，只能感受到光的存在，但它们的嗅觉却非常灵敏。面对青蒿、鱼腥草和莴苣叶，蚕有些拿不定主意。短暂的犹豫之后，它们决定放弃。最终，所有幼蚕都选择了桑叶。事实上，蒲公英、榆树叶等30多种植物，也可以写进蚕的食谱。只是，蚕太挑剔了。

野蚕与桑树的博弈：修炼百万年的必杀技

行走在桑树的故乡，我们找到了一只刚出生不久的野生幼蚕，它正好奇地在桑树上游走。未来的日子里，这片桑林将在它的生活中扮演重要的角色。

<野蚕

在自然界生存了千万年的野蚕，依然保留着桀骜不驯的个性。

人们不知道野蚕用了多长时间才找到桑树，但自从与桑叶相遇，野蚕就把对桑叶味道的钟情刻在了基因里。最终，为了一片桑叶，放弃了整个森林。

但是，野蚕每一次通往"餐厅"的道路都危机四伏。不像温室里的家蚕，野蚕每一次觅食，它的一举一动都有可能被敌人密切地注视着。比如我们遇到的马蜂，就是它的天敌。有时顾及蜂巢里的幼虫，马蜂妈妈只是将不长眼的野蚕赶出领地。可要是时机成熟，马蜂会循着气味，迅速锁定野蚕的位置，坚定地痛下杀手。

在过去的岁月里，不知道有多少野蚕倒在了通往"餐厅"的路上。但是新鲜桑叶中含有丰富的蛋白质，营养又美味，还能够为野蚕提供不可或缺的其他养分。为了获得更多的蛋白质，野蚕用上百万年时间，演化出了堪称完美的生存技能。它们体态轻盈、行动敏捷，加之堪称完美的保护色，让敌人很难发现它们的行踪。吐丝结茧也是野蚕自我保护的"法宝"。但是吐丝结茧需要十几种氨基酸。桑叶恰恰能够满足它的需求。

面对钟情的桑叶，野蚕每次都会选择从叶子边缘的某个点开始啃食，然后在非常短的时间内吞噬掉整片桑叶，速度惊人。这种由点到面，逐渐吞噬的进食方式，从2 000多年前的战国时期，就成为逐渐消灭对手的专用名词——蚕食。

扫一扫，亲临蚕食现场

< 马蜂妈妈一边保护着蜂巢一边驱赶野蚕

没有任何生物甘愿被蚕食，包括植物。

动物靠听觉、视觉等感受危险的来临，而桑树通过防御性蛋白准确意识到发生了什么，并进行防卫。这种神奇的生物化学物质产生的信号十分精密，能够让桑树分辨出攻击者是桑毛虫、桑天牛，还是它的老对手——蚕。

当蚕吞噬桑叶的时候，桑树会启动第一级防御系统，开始分泌"乳汁"。"乳汁"是桑树在演化过程中产生的一种"防御武器"，"乳汁"中的蛋白酶抑制剂会让大多数昆虫消化不良，甚至丧命。

对野蚕来说，消化不良还会导致结出的蚕茧质量下降，但野蚕很难察觉到桑叶反击带来的伤害，仍会继续进攻。于是，桑树启动第二级防御系统。桑树将敌人入侵的消息传递给周围的盟友，引来对蚕感兴趣的食客。随着马蜂将最后一点食物打包带走，桑林重新安静下来。

协同演化是一个漫长的过程，在几千年的博弈与妥协中，野蚕与桑树最终演化为一对生死冤家。而人类的出现，又使桑蚕之间的博弈变得复杂起来。

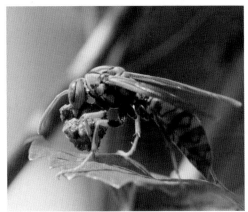

< 桑树召唤来的野蚕天敌对野蚕发起了攻击

长达千年的驯化：无法破解的变色奥秘

在中国的江南一带，对蚕农们来说，每年的小满节气这一天，是比春节更重要的日子。相传，这一天是蚕神的诞辰，蚕农们要"祭蚕神"，祈求桑满园、茧满仓。这种源于对桑蚕崇拜的习俗，已经流传了上千年。

祭拜完毕，蚕农们并不会痴痴等待蚕神送来满仓蚕茧，他们依然要回到自家蚕房，兢兢业业地照料家蚕。

数以万计的家蚕正处在旺盛的生长期。从出生起，这些家蚕就在一刻不停地啃食桑叶，短短的二三十天，它们的体重可以增长 10 000 倍。

早在新石器时代，中国人的祖先就在桑林中发现了蚕的秘密。他们为了获得这种昆虫吐出的丝线，开启了长达千年对桑树的驯化历程。

<家蚕

人们已经无法考证，古人是怎样让桀骜不驯的野蚕，逐渐适应蚕房的群居生活。令人惊讶的是，他们竟然成功地让野蚕褪去保护色，完全转变为白色。直到今天，现代科学依然无法破解家蚕体色改变的奥秘。

在人类的帮助下，家蚕逐渐破解了桑树的防御系统，并在桑叶所提供的丰富蛋白质的支持下，吐出蚕丝。而蚕丝中97%的成分是蛋白质。

从桑林来到蚕房，没有了天敌的威胁，生存不再是问题，但也并不是毫无风险。

蚕房里高密度的群居生活，让家蚕的适应能力逐渐减弱，它们必须依赖人类的精心呵护才能生存。而种桑养蚕这种祖祖辈辈延续下来的本领，也深深镌刻在中国人的基因中。

家蚕们努力"工作"，目标其实是结茧化蛹。

可是当吐出的丝线缠绕成茧，准备在蚕茧中化蛹、羽化成蛾的蚕，却再也无法像从前那样完成生命的轮回。为了获得高质量的丝线，这些蚕会被蚕农送进烘干炉中杀死，早早结束生命。

扫一扫，全程目击家蚕吐丝结茧

< 家蚕吐丝结茧

蚕房里，人类对蚕的驯化效果显著。桑园中，人类对桑树的驯化，成果又如何呢？5 000多年前，桑树走出森林来到桑园。中国古人用非凡的创造力，不断对桑树进行改良。

"地桑"这种栽培方式的出现，是桑树驯化史上的重大飞跃。桑树的身高变得越来越矮，它的主要任务就是长出好的桑叶，一旦不符合人类的要求，它的生命就会被终结。

原本长寿的桑树，生命也被定格在了短短的20年左右。但改变并不意味着全是坏事，痛苦的代价换来了桑树家族的强盛。尽管寿命变短了，桑树的数量却越来越多。这是因为人类对蚕丝永无止境的追求。

2 000多年前的西汉时期，桑树追随人类的脚步，遍及现今中国所有省份。北至内蒙古，西到新疆，南到海南岛北部，都有桑树的身影。

中国成为世界上桑树品种最多的国家。

< 刚被桑农修剪过的桑树

桑蚕怎样开启了文艺复兴时代

　　春天的桑叶中富含蛋白质，可以让春蚕结出品质最好的蚕茧。在缫丝厂，一粒拇指大小的蚕虫，就能剥离出1 000多米长的丝线。这一根根丝线，支撑着世界丝绸产业70%以上的原料供应。丝绸如此珍贵，以至于在古代中国，它和贝壳、白银一样，扮演了货币的角色。在对外贸易中，丝绸逐渐成为主角。丝绸，细密的丝线纵横交错，将大自然的馈赠与中国先民的智慧紧紧交织在一起。越来越多的文明形态和丝线连在了一起。

　　丝绸是中国的特产。

　　在2 000多年前的西汉武帝时期，丝绸作为东西贸易中的主角，开启了人类历史上大规模的商贸交流。此后，中国

<丝绸织造

与中亚、中国与印度间以丝绸贸易为媒介的这条西域交通道路，史称"丝绸之路"。

丝绸虽然远销海外，并且受到了热烈的追捧，但是直到公元6世纪，罗马人认识丝绸已经有大约700年了，仍然没有办法在本地生产。因为在古代中国，种桑养蚕一直是国家最高的商业机密。

为打破中国人对丝绸业的垄断，东罗马帝国皇帝查士丁尼派人来到中国，带了相当数量的蚕种回去，并将它们放在桑树上饲养，获得了成功。

尽管中国当时一直小心地守护着种桑养蚕的秘密，但桑和蚕还是跨越万水千山，传播到世界各地。

植物的传播看似波澜不惊，但对原产于中国的桑（别名白桑）来说，古老的丝绸之路正是它的一次植物学延伸。

桑树传入意大利的确切时间已经无从考证，意大利的研究人员也一直在寻找答案。

一开始，意大利所在的地中海沿岸广泛种植的是黑桑，并且用黑桑饲养家蚕。和中国白桑相比，身材高大的黑桑很难修剪成低矮灌木，并且生长缓慢。更重要的是，虽然家蚕也能够以黑桑的叶子为食，但吐出的丝却质地粗糙。

为了发展丝绸业，中国白桑被引入意大利。

起源于中国的白桑最早被引入东亚其他国家和中东地区；公元12世纪，又被传播到欧洲、美洲，直至非洲。

随着中国白桑一起来到意大利的，还有中国的织造技术。这给意大利的丝绸生产带来了质的飞跃，也深深刺激着英国当时的统治者詹姆斯一世。

17世纪初，詹姆斯一世下令种植桑树，来发展丝绸产业。但遗憾的是，他们当时引种的是红桑，而家蚕不爱吃红桑的叶子。于是，英国的丝绸产业计划因此夭折了。

来到意大利的白桑却迎来了不一样的未来。意大利充足的阳光、四季分明的气候，让白桑迅速适应并喜欢上了这里的环境。它们的命运也由此和一个家族、一个时代紧密相连。这个家族就是意大利佛罗伦萨的名门望族——美第奇家族。通过为丝绸生产者提供资金，美第奇家族逐渐垄断了从原料供应，到制造、销售的丝绸产业链。

在丝绸业积累了大量财富后，美第奇家族开始对一代代的文学家和艺术家进行赞助，用他们富可敌国的财富叩响了文艺复兴时代的大门。

如今的意大利已经放弃了种桑养蚕，只保留了纺织和印染技术。

不同质地、花色的丝绸面料，在设计师和印染工人的合作下，共同创造出华美的生命力。但生产面料的丝线，依然要靠丝绸的故乡——中国来供应。

中国到意大利不过十多个小时的航程，承载的却是从一片桑叶到顶级时尚的距离，而在背后支撑这种生命力的依然是那一片叶子和那一只昆虫。

雄桑树都是射击手吗

大多数植物通过开花结果的方式来繁衍后代。

有的植物能够用艳丽的花朵、芬芳的气味吸引昆虫帮它们传粉，但桑树不行。桑树无法用外表向传粉者推销自己。

每到春天，桑林里弥漫着浪漫的气息，满树绽放的雄花已经整装待发，每个雄花序上都装载着上百万粒花粉。花粉是精子的载体，得不到传粉昆虫的协助，桑树花粉只能以数量来博取大海捞针般的授粉机会。

但是，仅有花粉是不够的，还要有雌花。

< 桑树的雄花

大多数时候，雄花在"视线范围"内看不到任何异性的身影。可是远处的雌花已在焦急等待。

　　为了迎接花粉，雌花柱头上的茸毛已经全部张开，以增加在风中捕捉花粉的机会。

　　一阵微风吹过，桑林里立刻骚动起来。雄花小碗状的花苞瞬间炸开，将花粉弹射出去。借助风力，花粉可以在空气中飘出200米，甚至更远。这是一次雄性威力的集中爆发，也是一场关乎后代的生存竞争。雄花必须准确把握时机，否则就可能错过一年中唯一的授粉机会。

<桑树的雌花

<花苞炸开前

<花苞炸开的瞬间，花粉弹出

<花粉弹出轨迹

<花粉弹出后的花苞

<雌花捕获花粉

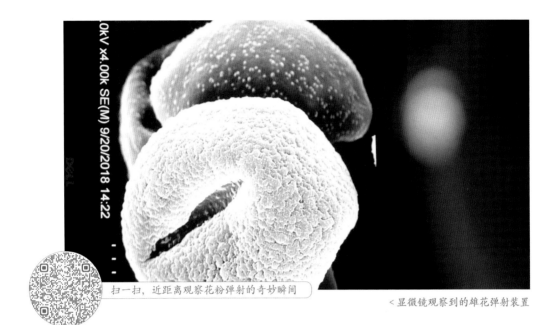

扫一扫，近距离观察花粉弹射的奇妙瞬间

< 显微镜观察到的雄花弹射装置

　　雄桑树的花粉为什么会拥有如此令人惊叹的飞行距离呢？为了揭开这个谜底，我们进行了一项针对桑树花粉的实验。

　　要想飞得远就要有特别的装备。

　　凭借两个完美的气囊，松树花粉能够飘到千里之外。而桑树花粉显然不具备这种结构，它只能另辟蹊径。强大的弹射装置，是桑树为繁衍后代演化出的秘密武器。

　　研究人员计算，桑树雄花的弹粉速度能够达到每秒200米以上，略逊于手枪子弹出膛的速度。只有借助高速摄影机，将速度放慢，人们才能比较清晰地看到花粉弹射出去时的奇妙瞬间。借助强大的弹射装置，一件关乎繁衍后代的大事，眨眼间就已经完成。

微风过后，桑林里仿佛什么都没有发生。但就在刚才，幸运的花粉落到了雌花柱头上。期待许久的雌花，用柱头上的茸毛将花粉牢牢锁住，得到了孕育后代的机会。

接下来，只要两周时间，不断膨胀的子房就能将雌花撑得丰满多汁，变成果实。沐浴着阳光，花青素被大量合成，果实从青白变成绛红，最后变紫。成熟的桑果散落在母树周围，回馈大地的滋养。

每一枚桑果都由上百个小核果组成，每一个小核果里面又都包裹着一粒种子。成千上万粒种子聚集在母树周围，希望能够长成大树。为了达成心愿，所有种子都拼尽全力，以完成它们的终极使命。

扫一扫，感受种子破土而出的生命力量

< 雌花刚形成的桑果   < 成熟的桑果

哦！"桑树王"

　　5月的吐鲁番，气温迅速上升到30℃以上。火焰山脚下的桑园里，品种各异的桑果在阳光的骄纵下恣意生长。这是人们在经历漫长冬季后，迎来的第一批新鲜水果。桑果中丰富的氨基酸、矿物质和维生素，能够增强人体免疫力，为身处荒漠地带的居民提供丰富的营养。

　　到了10月，树木感受到了来自秋天的气息，大地呈现出斑斓的色彩。动物以迁徙的方式应对季节变化，桑树呢？

　　桑树接收到了季节变化的信号。树叶中的叶绿素和蛋白质开始分解，桑树要将养分储存起来准备过冬。随着叶绿素消失，树叶的颜色发生了巨大变化。远在青藏高原的那棵饱经沧桑的"桑树王"，也准确接收到了季节变化的信号。它及时启动应对机制，回应季节的变化。在高原，寒冷是植物的头号杀手。它必须赶在寒冷到来之前，减少养分传输，准备休眠。不多久，一场大雪如期而至，寒冷到来。"桑树王"借着凛冽的寒风，一夜间放飞了所有树叶，尽力减少体力的消耗，以度过漫长的冬季。

　　如果人类要评选出几种最受尊敬的树，起源于中国的桑树应该是入选者。它的入选理由是：它诞生在青藏高原；它的出现，为一种文明的诗歌、审美、服饰、经济等方面做出了诸多贡献；它在自然状态下寿命本可达千年，但由于服务人类，它宁愿把寿命缩短到了几十年。它是桑科，桑属，桑。

The Journey of Chinese Plants

水稻

"稻"底是谁驯化了谁

　　一个人，几十年，守护一种草，它们长了多高，生活得好不好，他每天都来查看。在中国已知的35 000多种植物中，这种草的外形并不起眼。10 000多年前，这种草成为人类的朋友。它的后代带着崭新的样貌，走遍了全球。站在10 000多年时光的两端，它和它的后代彼此遥望：形态迥异，却又共享着太多的基因。

驯化"会战斗"的野生稻

每个生命的幼体，都会受到自己种群最好的照料，因为幼体承载的是种群的未来。人类就更是这样。当婴儿即将脱离母乳，开始品尝丰富多样的美食之前，需要先让他们的肠胃逐渐适应饮食上的改变。因为稻米营养丰富，成分温和，所以用稻米加工成的婴儿米粉，就成了一种在全球范围内被广泛认可的婴儿辅食。

但是，"稻米"是人类对它们的称呼。而对水稻来说，人类所说的"稻米"，是它们的种子，是它们自己的孩子，是物种传承的希望。当种子吸收了温润的水分，种子里的生命欲望就会被触发。嫩芽挣脱种皮的束缚，探出头来，生命的轮回就这样开始了。

生命初期的水稻，完全依赖稻种里储备的能量生存。它必须在这些能量被耗尽之前，长出尽可能多的叶片。几天之后，这些稚嫩的小生命还只有几厘米长，却已经有了用来吸水的根，有了用来进行光合作用、制造养分的叶片。它们已经是独立的新生命了。种子，也完成了它传承的使命。

扫一扫，观察水稻的萌发

< 种子发芽

< 嫩芽破土

< 努力生长

< 长出尽可能多的叶片

10 000多年前，水稻的祖先在人类眼中，还只是一种草。

今天，我们称它为"野生稻"。

在遥远的过去，野生稻没有人类呵护，为了繁衍后代，它们必须做好一切准备。所以，野生稻的种子在成熟过程中，会慢慢变成非常低调的黑褐色。

一旦成熟，这些黑褐色的种子会在最短的时间内脱落，藏到泥土里，以躲避饥饿的动物们。

< 野生稻

< 成熟期的野生稻

< 野生稻的稻穗

< 野生稻黑褐色的种子

　　除了躲避，野生稻的种子还会战斗。在种子的前端，长着长长的芒刺，仿佛是在威胁觅食的动物们：谁敢吃我，我刺破它的喉咙。更有趣的是，这些芒刺上还有倒钩，可以钩住经过它们身边的动物，被动物们带到更远的地方。

　　这些都是野生稻繁衍后代的本能，也是它们主动扩张领土的野心。正是这样，10 000多年前，它"钩"住了人类，迎来了与人类共舞的序曲，变成我们熟悉的栽培稻。

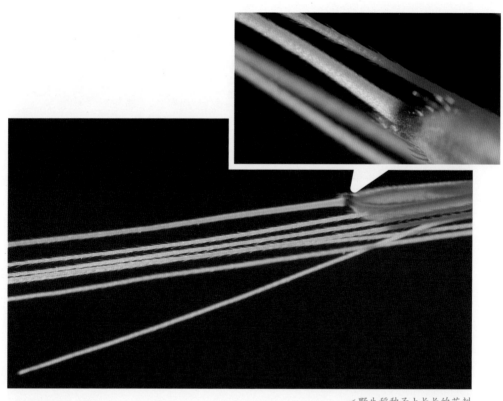

<野生稻种子上长长的芒刺

在人类的干预下，现在的栽培稻种子上的芒刺很短或已经消失，种子也不再主动脱落，而是等待人们收割。

可是站在栽培稻自身的角度，这就意味着它们的种子被置于危险当中，需要依赖人类的保护。但恰恰是栽培稻对人类的依赖，开启了它们与人类合作的旅程。

在人类眼中，它们不再是草，真正地成了稻，成了人类的伙伴，可以携手离开熟悉的环境，一起去冒险。

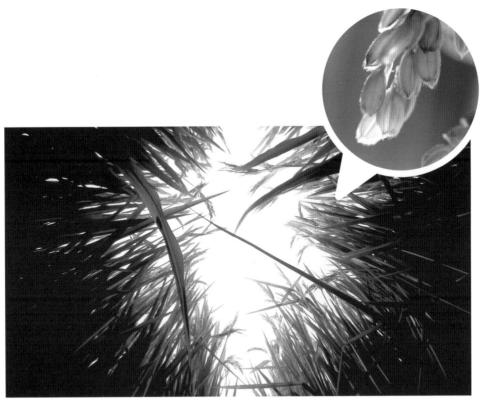

<栽培稻和它的种子

水稻想离开故土，并没有那么容易。

一直以来，沼泽地都是一个特殊的环境。过剩的水资源淹没了植物的根部，致使根部缺氧，甚至腐烂。野生稻，恰恰是少数能够适应沼泽地环境的植物之一。在淹水的环境中生长了千万年，也让野生稻对水产生了依赖。这种依赖，使它无法跟随人类迁徙。要想带着水稻一起走，人类需要带上水稻的整片家园。

6 000多年前，水田开始出现在广袤的中华大地上。每年，在水稻生长的100多天里，大面积的土地被人类用活水灌溉，变成了水稻专属的家园。有了水田，水稻得以随着人类一起迁徙。水田也就成了人类和水稻迁徙的足迹，这种足迹几乎遍布全世界。在意大利，人们修建了运河，将波河中的水引入大片的稻田。在非洲的马达加斯加也有水田的身影。从中国出发，水稻已经在全球的113个国家扎根，水田也改变了那里大地的容颜。

< 水田

水稻怎样完成向高山的迁徙

在1300多年前的盛唐时期，哈尼族先民迁徙到了如今的中国云南境内。

他们无力和当地人争夺低洼河谷中珍贵的淡水资源。要想活下去，只有一条路——征服高山。人能够靠双腿走上大山之巅，但是水稻要如何应对高山上的生命挑战呢？

能存活下来的每一种植物，都在亿万年的演化中，找到了生存的技巧：根深，探寻土壤中的每一丝水分；叶茂，接收每一线阳光；寄生，从其他植物上获得养分和水分……

水稻又能依靠什么呢？

当人类决定带着水稻走上高山的时候，就知道自己即将面对巨大的挑战。他们需要在没有河流的大山之巅，找到灌溉水田所需要的大量水源，模拟出适宜水稻生存的沼泽环境。

直到今天，高山上的人们依然感恩大山的收留。每年种植水稻前，他们都会将自己的感恩唱给树林听。因为在他们朴素的观念中，树林和水之间有着某种神秘的联系。

透过科学的认知，我们不难发现，水源的秘密就藏在大自然的运作规律中。

水雾，脱离重力的束缚，将水资源搬上了高山；高山上的植物，又给了水雾落脚的理由。

在云南省的哀牢山南部，人们用原始的方法修建水渠，汇聚和分配高山上的水。在1000多年的时光里，他们在这里修建了4 000多条水渠。有了这样的劳作，他们才能在高山之上模拟出沼泽地，为水稻打造出空中家园。他们将倾斜的山体改造成由平面组成的阶梯，水流在每一级阶梯上驻留的同时，形成了稻田。水稻正是踩着这些阶梯走了上来。

梯田，是一个生态系统。

在自然的水循环系统中，人类将水稻和它的家园嵌了进去。

如果没有森林草木涵养水源，这种生态系统就无法持续运转。直到今天，这些树林依旧占据着整个山区75%以上的面积。大自然让出了一点空间，收留了人和水稻。高山人民的节制和感恩，又维护了整个生态系统的健康运行。

在这片家园中，人们付出劳作，也祈祷大自然的眷顾和水稻的馈赠。在农耕文明中，人类与自然、与植物的关系，不是剥削与被剥削、索取与被索取的关系，而是人类与天地共存，与万物共生。

＜梯田

＜云南省的哀牢山南部·元阳梯田

人类亲手塑造的敌人

大概在种子发芽的30多天后，更多的茎秆和叶片生长出来，水稻的幼苗长成了茁壮的"少年"。它们开始感到拥挤，可播撒种子的秧田，空间十分有限。一场争夺空间的惨烈竞争似乎就要上演。

好在经过几千年的相处，人们已经掌握水稻这时的需求，把幼苗拔出，再按照"成年"水稻所需要的空间在水田里进行移栽。

这就是插秧。

插秧，对人来说是辛苦的付出；对水稻来说，是一次生命的冒险。秧苗被拔出以后，它们的叶片还不知道自己的根已经离开了水源，依旧进行着光合作用，生产着葡萄糖，也在持续消耗着水分。

生命的倒计时开始了。

好在有人类的照料，用不了太久，它们就能重新回到水中，在新家享受舒展的新生活。

等再过上1个月左右的时间，它们茂盛的植株又将填满新家的空间。

走在田间地头，仿佛身处一个水稻的王国。

但是，看似安逸的稻田中，其实危机四伏，宿命中的敌人以新的面貌出现了。

稗草，和水稻的祖先野生稻一样，曾经都只是人类眼中的杂草。直到野生稻与人类相遇，并成为人类的宠儿后，稗草成了人类眼中的敌人。

人类在稻田中除草，目的就是要消灭这些被定义成敌人的植物，为水稻的生长扫清一切障碍。

然而，稗草并未放弃。在战争中，比顽强的敌人更可怕的，是看不见的敌人。

稗草通过伪装，变得和水稻十分相似。

这种现象在生物学中叫拟态。模拟了水稻样态的稗草，明目张胆地登堂入室，抢占水稻的生存资源。只有在叶脉，以及叶片与茎秆的连接处等地方能看出稗草和水稻的区别。但是在茫茫的稻田中，这种伪装已经堪称完美。

这一切，其实有人类的"功劳"。

植物与人类的合作关系，从来不是浪漫的一见钟情。在漫长的时光中，人类一边耕作一边选择自己喜好的植物。只有能够适应这种选择的植物才能生存下来。人们年复一年地除草，试图将稗草从稻田中清除。为了生存，稗草必须不断演化。

有一些稗草，在营养生长期长得与水稻外形相似，幸运地躲过人们的清理。直到接近成熟，它们才抛弃伪装，以本来面貌示人。

但在被拔除之前，它们可能就已经把种子散播了出去。适者生存，在稻田的世界里，人类的选择代替了自然的选择，反而给水稻筛选出了更强大的对手。

< 水稻叶片与茎秆连接处的独特标志

< 稗草的真实面目

自交万年后为什么要杂交

人类和水稻不仅有共同的敌人，也有共同的期待。一株水稻在春天萌发，冬天来临之前就会步入死亡。进入盛夏，传承的压力已经初见端倪。在种子发芽后的两三个月内，水稻的茎秆中，一种力量开始蠢蠢欲动，迫不及待挣脱茎秆的束缚。这股力量来自稻穗。稻穗上密密麻麻的颖壳就是生命孕育的摇篮。

< 水稻

湖南，中午前后高温高湿的环境，拉开了水稻
生命传承的序幕。

扫一扫，观察水稻生命传承的全过程

< 水稻的颖壳

水稻的颖壳从中间裂开，水稻开花了。这些不到1厘米长的花朵是水稻生命延续的希望。颖壳内微小的空间里，伸出了6个花药，其中挤满了花粉。它们是水稻精子的载体，必须尽快找到卵细胞。

<柱头

　　这时，在颖壳的底部，不及芝麻粒大小的柱头也伸了出来。柱头极力张开，迎接花粉的到来。

<花药

花药破开，花粉必须抓紧行动。柱头微小，花粉很容易错过它，而且在一个小时之内，花药就会坠落到柱头的下方。一旦错过，几乎没有第二次机会。当然，水稻没有把全部的希望都寄托在运气上。它竭尽全力，为每个颖花提供了大约 12 000 粒花粉，用来提高授粉成功的概率。

<柱头成功接收到花粉

　　好在一个柱头只需要一粒花粉就能受精。受精
成功，稻花就可以安心孕育后代了。千万年来，在
没有昆虫帮助传粉的环境中，水稻就这样用自己的
花粉让自己受精，保证了种群的繁衍。这样授粉的
植物被人们称作自花授粉植物。

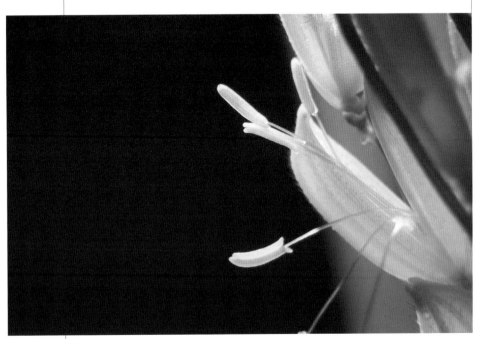

<非有花粉的花药

　　然而，即使拥有这样的机制，在面对大自然的万千变化时，水稻也有感到绝望的时候。这朵稻花的6个花药探出头来，但它们却飘在空中，没有下坠的迹象。就像是一个来自大自然的残酷玩笑：它的花药中没有花粉。

<不可育植株开花

　　作为自花授粉植物，一粒花粉也没有，也就没有了繁衍后代的可能。但出于本能，它还是开了花。

<不可育植株的柱头和没有花粉的花药

出于本能，它的柱头也还是开始了等待。

<不育水稻和可育水稻镶嵌种植

其实，等待的不只是它，整片没有花粉的水稻都在等待着，坚持着。

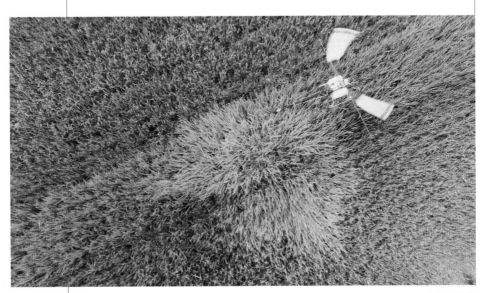

<文无人机授粉

风来了，风中还带有大量的活性花粉。

镶嵌种植在大面积没有花粉的不育雄性水稻中间的，是一排排正常的水稻。无人机产生的风力，将正常水稻的花粉吹散开来，送给不育水稻。

这是人类在为水稻进行杂交。

大片不育水稻和正常水稻聚集在湖南这块土地上，为的就是给誉满天下的杂交水稻制种。

水稻杂交，能够结合不同水稻的优势基因产生更优良的后代。但是在自然环境中，发生这种情况的概率只有万分之一。比起运气，人类更相信创造力。

20世纪六七十年代，以袁隆平为代表的中国水稻专家在全国范围内搜寻，终于在海南找到了一株天然不育的野生稻。不育水稻提供卵子，可育水稻提供精子，才有了杂交水稻的成功。

从中国走出的杂交水稻技术，如今已经在全球40多个国家落地生根，为地球上不断增加的人口守护粮食安全的底线。水稻安静的生命里，隐藏着人类自我救赎的道路。花开花落间，孕育了彼此的新生。

授粉之后的水稻，将开启生命的最后一段征程。在这个季节，水稻开始面对生命中越来越多的离别。

最先开始离别退场的是叶片。由下至上，叶片渐渐停止工作，开始变得枯黄，为植株节省能量。只有最上面的几片叶子依旧挺立。这些叶子光合作用产生的糖类，被源源不断地输送到授粉后的稻穗中。这些糖类物质在颖壳中被"压缩"成淀粉储存起来，为种子的休眠和萌发提供养分。

在一个月左右的时间内，稻穗上的上百个颖壳就会被淀粉逐渐充满，像极了母亲给即将远行的孩子准备的行囊。

< 示意图·糖类物质在颖壳中被"压缩"成淀粉

< 充满淀粉的颖壳

到这时，整个植株从稻穗到叶片，再到茎秆都变得枯黄。它将所有的能量都给了稻谷，也就是它的种子。

种子即将成熟，水稻的生命也接近尾声。它只希望来年春暖花开之时，种子能赋予自己的生命一个新的开始。

只是，稻种的命运，由不得自己做主。

丰收，是人们一年辛劳的回报。对水稻来说，却是生命的谢幕。

收割后的稻田，再无人问津，留下稻茬独自枯萎。整齐地诞生，整齐地绽放，整齐地迎接死亡。水稻的命运总是被人类摆布和掌控，但并不是全部。

干枯的稻茬上仍然会冒出新的生机。人类收割走的是它们的种子，收割不走的是它们生存的欲望。

这些稚嫩的新长出来的稻苗，在即将到来的冬季中没有太多存活的可能。

但向死而生，是水稻脆弱的生命中隐藏的刚强。

哪怕希望再小，也值得尝试。

＜收割后又长出的稻苗

水稻怎样开启了日本的文明时代

水稻的种子，在被人类收割后，绝大部分没有像它们的祖先那样，在土壤中等待萌发。而是脱去外壳变成了稻米，开启了新的旅程。

稻米中含有丰富的碳水化合物以及蛋白质。它们熟化以后，走进了人们的饮食，成为人们重要的能量来源。稻米除了被制作成米饭，直接为人们提供能量外，经过时间的雕琢，还能以不同的形式，给人们带来更加丰富的味蕾体验。比如贵州的月亮山山区，生活在那里的侗族人至今都在进行一种古老的操作。

他们将稻米和鱼肉放在一起，用稻米发酵后形成的乳酸腌制鱼肉。鱼肉被稻米赋予了新的风味。而稻米发酵后能延长鱼肉可食用时间的秘密，也伴随水稻的传播，成为很多稻作文明共同的文化。比如在日本，这种文化的传播，让稻作文明和海洋文明在小小的寿司上实现了完美的融合。

水稻传入日本之前，日本居民的食物多来自打鱼和狩猎。如今的日本人，仍然保留着食用鱼肉的古老方式。和贵州的侗族人一样，日本人也传承了用稻米腌制鱼肉的方式，来延长鱼肉的保质期，同时享受稻米发酵后赋予鱼肉的特殊酸味。

这种全发酵型寿司，在日本被称为"熟寿司"。

如今，在中国常吃到的寿司，是现代寿司。现代寿司，是由熟寿司演变来的——以手蘸醋，再抓握米饭，将醋的酸味带入饭团中。其中醋的使用，就是日本人长久以来食用熟寿司所形成的独特口味偏好。

吃着美味的寿司，我们不禁在想，水稻是怎样传入日本的呢？相传在先秦时期，战事不断，中国东南沿海以稻米为主食的古代先民为了躲避战乱，移居日本。他们为日本带去了水稻，以及当时先进的稻作生产技术和金属器制作技术，结束了日本绳文时代的渔猎生活，开启了以农耕生活为主的弥生时代。日本的人口也由此急剧增长。水稻还对日本的社会发展产生了重大影响。在它的作用下，日本人开始了定居生活。在此基础上，地缘为核心的村落共同体迅速产生、发展壮大，并在同期产生的阶级的共同作用下，逐渐形成国家。

＜日本滋贺县大津市·一位老人家为我们制作的寿司

守望者：无法磨灭的基因记忆

稻米以不同的形态，为不同地区的人提供维持生命的能量。同时，稻米也带领着水稻，在世界上不同的地域生根。水稻适应了高山、深水和盐碱地等特殊环境，在除南极洲外的其他大洲都有分布，甚至在一些以小麦为主食的地区，水稻都有着惊人的表现。比如在意大利，当地人以小麦为主食，但并不妨碍意大利成为欧洲最大的稻米生产国。当代意大利人还喜欢用葡萄酒煮米饭，这便是著名的意大利烩饭。因此意大利人有句俗话："稻米生在水里，死在葡萄酒里。"

如果没有人类，难以想象水稻能走向那么遥远的地方。

据说在世界范围内，人类培育的栽培水稻品种已经超过了14万种。然而，这真的是水稻最期待的未来和向往的生活吗？在水稻和人类看似稳定的关系背后，暗潮涌动。

曾经整齐划一的稻田，如今变得参差不齐，显然出现了不一样的植物。这样的现象，在全球范围的稻田里普遍存在。

< 曾经整齐划一的稻田，因为新出现的植物而变得参差不齐

在这里，我们发现这些新出现的植物和栽培稻相似，但比栽培稻更高大、更粗壮，难道它们是人类培育的新品种吗？如果是，为什么人们看它的表情会如此凝重呢？

经过观察，这种新出现的植物存在一些有悖于人类需求的特性。于是，科学家介入了。

他们发现，这种新出现的植物是栽培水稻突变出来的变种，并且给它取了个名字——杂草稻。

杂草稻的种子和栽培稻的种子非常相似，但却已经出现了叛逆的特征。有些杂草稻种子，在颖壳的前端还长出了较长的芒刺。像野生稻一样，它想要保护自己的种子不被偷食。风一吹，杂草稻的种子就会脱落，掉进稻田里隐藏起来，躲避潜在的危险，等待来年最好的萌发时间。

杂草稻的每一个特性，都成为人类无法接受它的理由。那么问题来了，栽培稻的稻田里为什么会产生杂草稻呢？有的科学家认为，杂草稻的产生，其实是植物演化的一种表现，是栽培稻对环境变化做出的反应，是水稻在遥远的野生稻时期就一直会做的努力。

自从被驯化以来，栽培稻始终依赖人类，却压抑了自己生存和繁衍的本能。但源自祖先的生存欲望，终究是它基因深处无法磨灭的记忆。

杂草稻更多的是物种演化的结果，是自然选择的结果。而植物演化的方向并不固定，就像野生稻的生长状态，看起来杂乱无章，无法预测。但是无论多么杂乱无章，演化的目的都是明确的，就是为了让植物更好地应付各种可能的灾害。

< 杂草稻的种子

< 和栽培稻长在一起的杂草稻

　　杂草稻的尝试，在人类眼中是不服管理的叛逆。但对于整个水稻种群的延续来说，它是敢于探索新道路的先驱，是敢于牺牲自我的勇士，是有着忧患意识的思考者。仿佛预判到了水稻种群在未来的某种危机，为了避免整个种群面对灾难时全军覆灭，它选择去探索让自己变得更强大的方式，即使成为人类的敌人也在所不惜。

　　杂草稻给人类出了一道难题，但人类不是第一次遇到难题。从杂交水稻的研究，到病虫害的防治，人类遇到困难时，都会在栽培稻的祖先——野生稻那里寻找解决的办法。这一次也不例外。也许在不久的将来，科学家们就能解决这道难题。

< 江西东乡·野生稻种群

1978年，饶开喜在江西东乡发现了野生稻。从那时起，他就一直守在这里，成了野生稻的守望者。为了防止动物和人类破坏野生稻生存的这片正在逐渐缩小的沼泽地，人们在周围修建了围墙。现在，野生稻中隐藏的生命秘密，我们还无法完全破解。保护它就是给予水稻拓展生命边界的自由，也是给人类未来的持续探索保留火种。

　　人与水稻的故事，从草开始，又回到草的生命中探索未来。一粒稻种进入土壤中，几个月内就能长出成百上千粒稻谷。它的每一次生命轮回，都给了人类千倍的回报。每一碗米饭的背后，都是探索不透的生命奇迹。

<野生稻守望者·饶开喜 （右一）

本草

治病救人"本"领大

　　地球上，植物提供了人类的生存基础，它们因为各种特性被人发现，与人产生联系。

　　其中，有一类植物因为能够解除病痛，成为人类关注的重点。它们有个通用的名字——药用植物。在拥有悠久植物应用历史的中国，它们还有个独特的名字——本草。

见证过恐龙兴亡的银杏有什么生存奥秘

在日本祖父江町的一个果园，我们见到一种"果实"，挂满了整个枝头。这些"果实"无论个头还是外形都很像杏子，但却泛着银白色的光泽。

2018年8月，我们再回到这里，"果实"们依然挂在枝头，只不过不再是水嫩圆润的可人模样，反倒像是被抽干了水分，变得有些干瘪，表皮还皱皱的。

我们知道，它成熟了。

这种"果实"并不好认，成熟后就更加像杏子。但它的叶子就不一样了，一旦看到它的叶子，几乎所有人都能说出这种植物的名字——银杏。毕竟，在这个世上，独特的扇形树叶才是银杏最完美的代言。

银杏果熟了。果园的主人将它们采摘回去，用当地沿袭着的传统方式，制作成干果。早在宋代，诞生在中国的银杏果就被列为皇家贡品。就食用方式来看，银杏果主要有炒食、烤食、煮食，以及制成糕点、饮料和酒类等。在长期食用所总结的经验中，人们不经意间发现，在咳嗽时食用这种"果实"能够减缓症状。今天，人们还能品尝到银杏果，实属不易。要知道，银杏是最古老的孑遗植物之一，它已经在地球上生存了约 2 亿年之久，久到足以见证恐龙的繁荣与消亡，目睹人类的出现与崛起。

<未成熟的银杏果

<成熟的银杏果

<银杏独特的扇形树叶

如今，世界各地都分布着银杏树，但追根溯源，这些银杏树全都来自同一个地方，那就是银杏的故乡——中国。

约2亿年前，银杏曾在北半球广泛分布，中国是其中的一大区域。它们在这里土生土长，在春天到来的时候开枝散叶。大自然是神奇的，在创造植物之初就赋予了银杏性别。

我们现在见到的植物，雌雄器官大多在同一植株上。但是银杏不一样，银杏有雌树和雄树，就像人类分男女一样。那么，银杏树怎么区分雌雄呢？

银杏枝叶下的雄球花，彰显的就是它们雄性的身份。在雄球花顶端的花粉囊里，已经准备好了用来繁衍后代的花粉。

大自然的这种性别设计，是为了产生多样的后代。但却没有照顾到雌雄银杏树之间如何传粉的问题。此时，因为传粉的条件还不成熟，雄树和它的花粉只能焦急地等待着。花粉的活力只有几天，雄树必须尽快让它们出发，去寻找雌树。大约在1亿年前，传粉昆虫才开始出现。但在此之前，在银杏已经存在的亿万年里，雄银杏树想要传播花粉，只能依靠风力。它们盼着能有一阵风过境。摇摆的树叶带来了好消息。细如尘埃的花粉，从花粉囊里纷纷跳出，在风的帮助下，在雄树方圆20千米的范围内搜索雌树的踪迹。20千米可能是花粉飞行的极限。

花粉天生就知道自己要寻找的目标——雌球花上的胚珠。胚珠顶部两端分别有一个黏稠的小液滴——传粉滴。传粉滴能抓住风中的花粉，带入胚珠。一旦成功，传粉滴就不再出现。只有走到这一步，花粉和传粉滴才算真正完成了各自的使命。

可惜，天公不作美，空气中传来潮湿的味道。花粉嗅到了危险的气息，一场突如其来的大雨，让这场搜寻胚珠的任务彻底失败。

<雄球花

<雌球花的胚珠

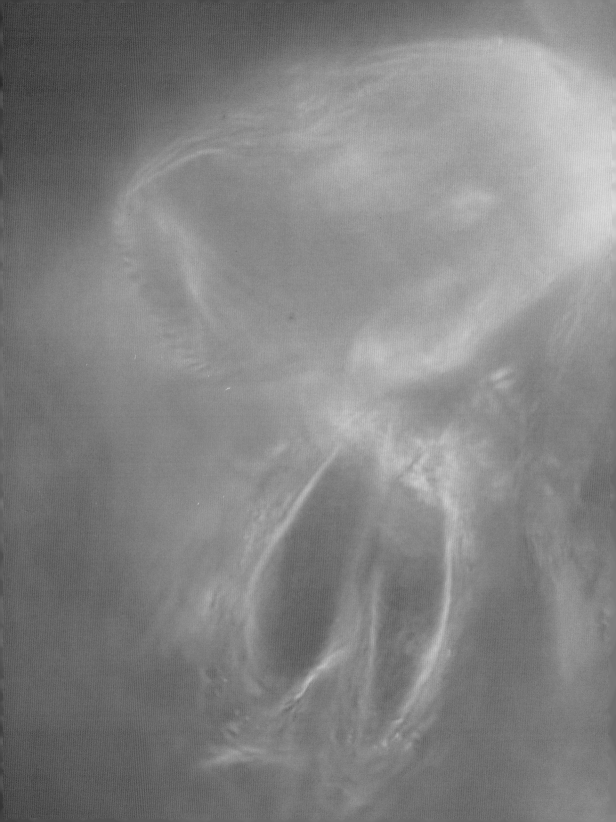

< 显微镜下观察到的花粉

虽然一棵雄树能产生上千万粒花粉，但连绵不断的雨水也足以让银杏树感到绝望，风的不确定性更是加大了繁衍的难度。银杏该如何面对大自然的磨难呢？为了解决时间问题，银杏的根发展出强大的本领——无性生殖。

在浙江天目山生活着的野生银杏树，把无性生殖发挥到了极致。这些掩映在森林里的银杏树，看起来像是一个家族，但其实它们是同一个生命体，拥有着同样的基因。

这个生命体是一棵"五代同堂"的古银杏树。它有大约 12 000 年的树龄，至今仍然枝繁叶茂，"果实"累累，堪称历经沧桑而幸存的活化石。它的前身不知道已经朽了几代，而它的子孙却已在祖辈身边萌蘖成一片。

这棵古树，老、壮、青、少、幼22株共生一根，相互偎依，久而久之，一树成林，把自己活成了一个团体。这种从根部萌发新枝条的方式，甚至成为银杏延续生命的重要方式，但这对银杏来说还不够。在等待这些小苗长大的过程中，仍然充满变数。意外的闪电摧毁了它的主干，仅留下焦灼的残躯奄奄一息。

但它仍然没有放弃，在它残破的身体上长出了树瘤。这些树瘤，没有像树干一样向上生长，反而向地面延伸。当它们接触到地面以后，又能重新生根发芽，开枝散叶。到了这时，即使老的树干死去，它也可以独立生存。

就这样，银杏不断武装着自己，将生命延续到上千年。为了生存，银杏甚至武装到了叶子。

<无性生殖的银杏小树苗

它们体内演化出多种让动物们忌惮的有毒物质，动物们如果误食银杏叶就会有中毒的风险。

千百年后，这些隐藏的化学物质被人类发现。它们的种类多达170多种，人们将它们从银杏叶中分离出来，再将不同的提取物制成不同的药物。

于是，银杏的药用价值得到了体现，甚至成为德国、法国和美国销量最高的本草之一。

但对银杏自己来说，这些物质只是为了保全叶子的完整。等到秋天，为抵抗寒冬，它又会抖落一身的叶子。这些叶子为银杏每年的生长，做出了全部的努力。

动用身上所有组织延长生命的银杏，打破了时间的障碍，有了充足的机会去繁衍后代。这种情况一直延续到了约200万年前的第四纪冰期。那时，寒冷笼罩全球，银杏在世界范围内大面积灭绝，银杏的近亲几乎无一幸免。而中国的崇山峻岭有效地阻挡了寒流的袭击，让一片银杏遗留下来。

但此时的银杏，整个家族都受到重创。直到我们的祖先在这片土地出现，发现银杏果不仅能够食用，而且在咳嗽时能有效缓解症状，银杏才开始被人们在房前屋后种植开来。这及时拯救了第四纪冰期之后银杏脆弱的生存状态。在我们祖先的帮助下，孑遗的银杏，如今重新遍布全世界，银杏家族的危机真正解除了。

<树瘤

塔黄：一生只开一次花的"高原宝塔"

青藏高原东南部，海拔4 000多米的横断山脉流石滩，在强紫外线、严寒、狂风等严酷环境的摧残下，植物几乎趋于绝迹。

而塔黄，这种青藏高原特有的珍稀药用植物，似乎在挑战自然法则。为了避免与其他植物竞争，它选择离开草甸，到更加严酷的流石滩上生活。这是高山草甸和雪线之间的一片近乎荒芜的地带。开花之前，塔黄是朴素的。塔黄很多年都保持着一副低调的模样，实际上它一直在为繁盛的那一刻默默准备着。

贫瘠的土地上，它需要更多的积累，才足以支撑花期的消耗。而积累的时间也许是10年，也许是40年，也许要持续到45年。

塔黄一生只有一次开花的机会，然后便会死去。它要把握好时机。当感知到气候较为合适时，它才会放手一搏。决定开花的塔黄，在夏初的数十天内，迅速长出1.5 ~ 2米的巨型花序。花序外面裹着层层叠叠的黄色苞片，下部是莲座样的叶子，远远望去，像一座金黄色的宝塔，坐落在荒凉的流石滩上。塔黄的名字也由此而来。

< 塔黄生活的流石滩

＜塔黄

塔黄的传粉短暂而且困难。

在高原极端环境下，能够帮忙传粉的昆虫是抢手资源。它选择和一种迟眼蕈蚊属的昆虫合作。这个组合拯救了高山上两个物种的命运。为了邀请这位合作伙伴，塔黄使出了浑身解数。

扫一扫，观察塔黄传粉的方式

< 一对迟眼蕈蚊降落在塔黄苞片上

首先，塔黄的花朵会散发出一种特殊的气味，引导迟眼蕈蚊们来到这里。它们在塔黄的苞片上互相熟悉，寻找心仪的另一半，完成交配。

<塔黄苞片下温暖的"育儿室"

　　塔黄不仅让迟眼蕈蚊找到了爱情，还用身体为它们搭建了一个家。荒凉的流石滩让雌性迟眼蕈蚊无法产卵，塔黄苞片内成了它们目之所及最温暖的育儿室。雌性迟眼蕈蚊钻进苞片，将卵产在塔黄花朵的子房内。

<雌性迟眼蕈蚊在苞片内产卵

　　这正是塔黄期待的结果。因为雌性迟眼蕈蚊在苞片内寻找产卵地的过程中，它们身体沾上的花粉也传给了柱头，帮助塔黄完成了传粉。

塔黄的苞片由叶片退化而成，由于叶绿素显著减少，所以无法给塔黄的生长提供养分。但是它在庇护合作伙伴的同时，也起到了保护种子的作用。

为了未来继续有迟眼蕈蚊为其他同伴传粉，塔黄不惜贡献出自己的一部分种子给迟眼蕈蚊的幼虫，让它们在刚孵化出来的时候可以依靠种子为生。

当迟眼蕈蚊幼虫发育完成时，塔黄的种子也已经成熟，塔黄的生命接近尾声。高原的寒冬即将到来，幼虫感受到这些枯黄的叶子再也无法保护它，就钻进石缝寻找新的庇护，以度过漫长的冬天，等待明年花开时再与塔黄相聚。

塔黄与迟眼蕈蚊，陪伴了彼此生命的整个历程。

巨大的花序使塔黄成为这里最高的植物，这个花序耗尽了它一生积累的养分，但却是值得的。它为塔黄回报了7 000～16 000粒种子，虽然其中大约三分之一要用来和迟眼蕈蚊幼虫分享，但更多的种子则承载着物种的希望，随风散落。

依靠这种互利共生的关系，塔黄在极端环境中顽强生存，并且世世代代繁衍下来。后来，藏族人发现了它可以治病的秘密，并将它写入《晶珠本草》。

今天的青藏高原上，已经很难找到塔黄雄壮的身影。人类至今都无法人工种植包含塔黄在内的一众本草，所以它们并没有因为药用价值而得到益处，反而因为人类的采集导致目前的生存状况更加艰难。正是这样，许多本草的命运受到了人类一次又一次的考验。

石斛：中药界的"大熊猫"

在福建泰宁，红色砂砾岩构成的山峰形成了中国典型的丹霞地貌。陡壁上裸露的岩石，像是生命的绝境。然而，一种珍稀的本草，却特意选在这里栖居。

它就是石斛。

在峭壁上生长，并不是一个容易的选择，但在这里它可以避开丛林里的资源抢夺战。阳光是丛林植物争抢的热门资源，植物们为了得到阳光相互倾轧，争夺领地。

为了获得更多的生存机会，石斛千方百计爬上了高耸的崖壁和树干。

悬崖峭壁上虽然阳光充足，却严重缺乏土壤、水分和养分，想在这里生存下去异常艰难。但石斛不在意这些。在神奇的植物世界，有些植物的生长并不需要土壤，石斛就是其中之一。

在没有土壤的环境里，石斛将一部分根裸露在空气中。这些根的任务不是固定植株，而是吸收空气中的水分和氧气，以供自己的生长所需。

为了解决营养问题，石斛找到了合作伙伴——真菌。石斛的内生真菌可以促进石斛的生长，还能促进提高石斛次生代谢产物含量。作为回报，石斛通过光合作用为共生菌提供养分。

不仅如此，共生菌甚至为石斛的生命提供了起点。

<生在崖壁上的石斛

扫一扫，用显微镜观察石斛的根系

<生在树干上的石斛

一颗石斛果能结出十几万，甚至上百万粒种子，果实成熟后，荚片裂开，细如粉尘的种子随风飘扬。这也是石斛能轻松爬上悬崖峭壁的原因。但小小的种子有一个致命的缺陷——它没有胚乳，在自然界中就无法依靠自己的力量萌发。只有极少数的种子能够幸运地得到共生菌的协助，生根发芽，长出茁壮的茎秆。石斛粗壮的茎是整个植株的主干。当夏天的阳光直射崖壁时，温度往往很高。为了保护身体的主干，石斛会产生大量的多糖类物质以增加其"体液"黏稠度、帮助锁住水分，这让它即使身处炽热的石壁也能傲然挺立。

这些多糖类物质被统称为"次生代谢物"。是石斛在抵抗逆境时产生的化合物，能帮助它挺过难关，无惧酷暑和严寒。这样的生命力甚至在石斛被采下之后依然顽强。所以，被采下的石斛可以放上一年都不会死去。有时候，放上半年，它还会发芽开花。石斛入药的部位正是它生命力最强的茎。

在中国古代，石斛被称作"还魂草"。民间采药人视石斛为仙草，并将铁皮石斛列为"九大仙草"之首。

古代的医生并不清楚石斛茎中含有什么成分，他们凭经验选用石斛的茎，用来治病养生。经过今天的科学研究，我们知道石斛茎中的多糖类物质具有提高免疫力的作用，是石斛的主要药性成分。

< 石斛的种子

< 石斛生命力最强的部位——茎

在整个本草家族中，植物抵抗逆境产生的各种次生代谢物，是许多药用植物共同的秘密。它们或因环境的变化，或遇到动物的啃食，或遭到微生物的侵蚀，故而产生这些保护自我的物质。它们是植物的秘密武器，深藏在各自的身体内。

在与植物熟识后，这个秘密武器被人类发现，最终变成人类所需的药物。石斛虽然生长在悬崖峭壁之上，奈何稀有、贵重，很久以前就吸引了大批采药人。

因为采药人的穷追不舍，野生石斛濒临灭绝。但在今天，采药人成了保护野生石斛种源的带路人。

他们了解石斛的生境，熟悉石斛的习性，知道石斛何时开花，又何时结果。他们利用原生态保护，让石斛重返自然。人类与本草的关系，从最初的掠夺逐渐走向共生，这给人们深入理解本草开启了一个崭新的篇章。

黄花蒿：疟疾克星

非洲东南部的马达加斯加，是一个美丽的岛屿国家。独特的气候和地理条件为这座小岛带来了郁郁葱葱的热带森林、纵横交错的河流，以及种类繁多的奇异生物。但同时，这里也为疟疾的肆虐提供了温床。

在马达加斯加，疟疾是一种非常常见的传染病。疟疾的病原体叫疟原虫，主要依靠蚊子传播。

一旦爆发疟疾疫情，许多人会不知不觉成为病原体的携带者，加速疫情的蔓延。

一种中国植物成了抵抗疟疾的关键，它就是黄花蒿。

过去，被广泛应用的抗疟药物是奎宁类药物，但由于疟原虫抗药性的增强，奎宁类药物便逐渐退出了历史舞台。取代它的青蒿素类药物使用方便，效果也非常好，因此广受欢迎。黄花蒿就是这种青蒿素的"提供者"。

中国科研工作者从黄花蒿中提取出青蒿素，研制出抗疟新药，这是世界抗疟药史上的一个重要里程碑。

< 黄花蒿

2015年，由于发现了青蒿素，开创了疟疾治疗新方法，中国科学家屠呦呦被授予"诺贝尔生理学或医学奖"——世界医学最高奖项。现在，青蒿素联合疗法在全球疟疾流行地区被广泛使用。据世界卫生组织不完全统计，青蒿素在全世界已挽救数百万人的生命，每年治疗患者上亿人。

然而，中国对黄花蒿的研究到今天都没有停止。科研人员不断尝试培育新的杂交品种以提高其青蒿素的含量，其中的一些新品种已被马达加斯加的制药厂商引进。在青蒿素的帮助下，马达加斯加的孩子逃离了疟疾的魔爪，就像生命力旺盛的黄花蒿一样，得以健康生长。黄花蒿不但帮助当地人走出了疟疾的阴影，还改善了他们的经济状况。更多的农户选择种植黄花蒿，赚到的钱，不仅可以买生活必需品，还能为孩子缴纳上学的费用。

黄花蒿，这种从2 000多年前就开始以药用植物身份进入人们生活的中国本草，今天正在大洋彼岸大放异彩。它像乌云层中透出的一缕温暖的阳光，给了人类战胜疟疾的希望。它拯救了成千上万人的生命，并为现代医学注入新的生机。

人类与本草相识已久。但是远在人类出现之前，这些植物就已经生长在地球上了。因为药用价值，它们的生存一直受到人类的干预，命运也随之起起落落。与植物共生是人类的必然选择。无数的事例证明，当人类一次又一次面对疾病难题时，植物为人类提供了许多解决方法，未来的医学依旧需要它们。面对浩瀚的植物王国，人类的认知才刚刚打开一角。在中国，已知的本草有 10 000多种，它们为全国将近一半的药物贡献了数十万种天然化合物。

它们与人类的情感羁绊已经延续了数千年。这种羁绊潜藏在我们每个人的内心深处，是几千年来流淌在血液中的依赖。本草用自己的生命，延续了人类的生命。我们理应谦卑地向它们低头。不管从人类自身的利益出发，还是从更加辽阔的"万物一体"的角度出发，都应该端详、敬畏它们。

< 来自中国的黄花蒿

水果

"果"然没认出你曾经的样子

　　大约6 500万年前，地球上的一些植物开始演化出果实，把种子包藏其中。

　　果实中心的部分是种子，包裹在种子外面的部分是果皮。果皮是用来保护种子的，它还能吸引动物采食，顺便帮助植物传播种子。这个保护结构，对植物繁衍后代具有重要意义。

　　现在，人们常说的"果肉"，其实是果皮的一部分。营养丰富且多汁的果肉，让人类发现了果实的食用价值。于是，真正意义上的水果诞生了。驯化与栽培，让越来越多的野果从自然界走进人类生活，变身为水果。

　　这是一次植物与人类互利共赢的合作，也是植物界的一次大变革。

柑橘家族的伦理大戏

因为跨越不同的气候带，又有着多样的地形地貌，中国成了水果们的天堂。作为世界上最重要的果树起源中心之一，中国现在至少有700个果树树种，约占全世界果树树种总量的一半以上，是世界上果树种类最多的国家。柑橘属植物就是其中特殊的一类。

柑橘家族成员众多，其中很多种类都起源于中国。作为世界上第一大水果种类，柑橘家族在全球农产品贸易中，占有十分重要的地位。这个家族的庞大超乎人的想象，葡萄柚、柠檬、青柠、佛手等大小不一、形态各异的水果，都是柑橘家族的成员。这个家族为什么有如此众多的成员呢？秘密就要从柑橘家族的三大元老说起，也就是它们的三位祖先。

第一位元老是香橼，皮厚、肉少，味道酸涩；第二位元老叫宽皮橘，它的果皮宽松，果肉多汁饱满；第三位元老是柚子，它的个头大，果肉呈淡黄色。

不可思议的是，柑橘家族中的水果，基本上任意两种都能杂交出新的物种。在自然界，并不是所有植物都具有这样的能力。柑橘属植物的种类因此越来越多。

早期，宽皮橘和柚子杂交出了橙子。

后来，宽皮橘又和另一位元老香橼杂交出了粗柠檬。

再后来，橙子又和祖先香橼杂交出了柠檬。

再再后来，橙子又和祖先柚子杂交出了葡萄柚。

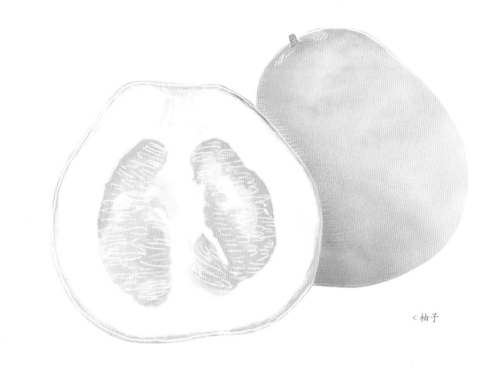

< 柚子

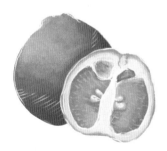

< 宽皮橘

< 香橼

< 柚子

< 金橘

< 四季橘

< 橙

< 葡萄柚

< 宽皮橘

< 香橼

< 粗柠檬

< 佛手

< 柠檬

扫一扫，观看柑橘家族的实验

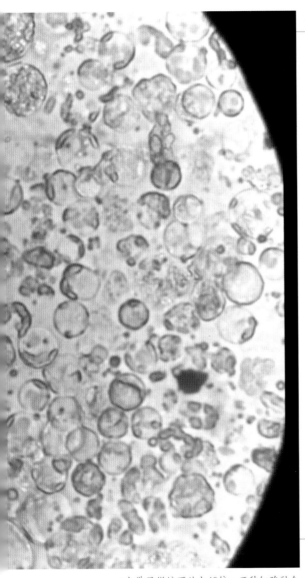

<光学显微镜下放大40倍·两种细胞融合

为了寻找更深层次的繁衍秘密，我们找到了研究人员，试图进入柑橘类水果的细胞层面去探索。

来自两个不同品种的柑橘细胞，如果在光学显微镜下放大40倍，就可以看到它们在去除了细胞壁之后的短短60秒内逐渐融为一体。

开放的生命属性让柑橘家族的成员很容易就能发生这样奇妙的反应。而融合后的细胞经过培养，也许能诞生出一个影响世界的新种。

　　人类的创造力缩短了柑橘家族新成员出现的时间，但在自然界，这往往要等待偶然的机缘。1820年，一次基因突变，让柑橘家族多了一名特殊的新成员。

　　那年，一棵柑橘树在消耗大量的养分后，开出了白色的花朵。这本身不奇怪，大多数植物都会通过花朵孕育出种子，繁衍后代。可这棵树却十分特殊，它的花朵白期盼了一场，结出的果实只有果肉，没有种子。

　　这种果实就是脐橙。虽然它的果肉香甜，吃起来口感上佳，可是没有种子就无法繁衍后代。

　　因此，脐橙成了柑橘家族最孤单的后裔，此后的50年里，它也成了地球上最孤单的物种。幸运的是早在脐橙出现以前，人类就在大自然的启发下，发明了一种手术，把一棵树枝的枝芽连接到另一棵树上，让它们自然愈合长成一体，从而继续生长——这就是嫁接。

<脐橙

1870年，人们用"嫁接"拯救了脐橙，让它即使没有种子，也可以繁衍后代。

通过嫁接，人们的口腹之欲得到了满足，脐橙的命运也被彻底改变。

借助人类的欲望，脐橙得以在地球上繁衍生息。

在中国人的精神生活中，柑橘家族曾经扮演了非常重要的角色。2 000多年前，屈原写下《橘颂》，赞扬橘树是天地间最美好的树，赞扬它的独立不迁，品性高洁。

那时，它在中国人的眼中，是一种精神图腾。

柑橘家族一路向西传播，在以色列，家族元老香橼被犹太人当成了"圣物"。

在欧洲，柑橘类果树自从公元1471年传入葡萄牙后，开始在地中海沿岸种植。

在法国，国王路易十四因迷恋橙子的味道，把它种满了凡尔赛宫。

在大航海时代，坏血病让几十万水手死亡。但库克船长的三次远航，却没有一位船员因为这种病丧生。库克船长找到的救星正是来自柑橘家族的柠檬。

后来经科学家研究发现，是柠檬里的维生素C起了作用。正是因为柠檬，人们发现了维生素C，也为现代营养学的诞生埋下了种子。

柑橘家族用它们千变万化的滋味，俘获了人类，滋养了人类。也因为人类，柑橘家族得以更加壮大，成为世界上销量最大的水果家族。

猕猴桃：改变新西兰命运的三次相遇

长江流域是中国植物资源最丰富的区域之一，在这个区域的丛山深处，有一个叫大老岭的地方。这里的野生植物资源十分古老，曾是植物学家不断发现新物种的天堂。

这一次，我们和植物学家黄宏文一道，来这里寻找一种野果。这种野果就藏在海拔1 700米的丛林深处。

100多年前，英国"植物猎人"亨利·威尔逊受英国一家苗圃的委托，也曾来到这里，寻找这种野果。我们这一次选择的探索路线，正是他当年的那条路线。他一生共来过中国4次，他用前后近12年的时间，在中国采集了65 000多份植物标本，发现了许多新物种，并成功将1 500多种原产中国的园艺植物、经济植物引种到欧美各地。

这片丛林中，随时都有毒虫、毒蛇和野兽出没。亨利·威尔逊冒着生命危险进入这个未知的区域，只为了发现让他心动的植物，并将它们采集引种。人类文明的进程中，重要植物的引种驯化常常会驱动经济社会发展，甚至改变人类历史。能够为世界增加一种有用的栽培植物，是很多植物学家共同的心愿。

亨利·威尔逊也许正是为了实现这个心愿，才会沿着三峡峡谷，一次次溯流而上。他踏出的每一步在当时都是探索性的。历经艰难的旅程，有一种野果进入了他的视野。当时，它在南方叫"羊桃"，在北方叫"狗枣"，但在今天，人们熟知的是它的另一个名字——猕猴桃。

猕猴桃是典型的藤本植物，而藤本植物的茎细长，自身不能直立生长，必须依附他物才能向上攀援。

对猕猴桃来说，要想在密林深处生存，并不是一件容易的事。每次扎根之后，它就向所有新生藤蔓发出指令：爬！越高越好！

因为只有攀援在高大的植物上，它才能抢夺到离天空更近的通道，沐浴到密林中的稀缺资源——阳光。叶子捕获阳光之后制造养分，猕猴桃就能够存活下去。

为了寻找更加高大的树木，爬得更高，猕猴桃有时甚至能在游泳池那么大的范围内，不断爬行，不断搜索。就这样，一根藤蔓往往能爬遍一片林子，林子里，也就到处都是猕猴桃的枝枝蔓蔓。

生存已经这么不容易了，可猕猴桃要想通过开花结果繁衍后代，这会更加艰难。因为它还需要一些特殊的机缘。

为此，猕猴桃为自己精心安排了一场邂逅。

<野生猕猴桃

　　狝猴桃伸着花苞，开始等待。拂晓，它开始打开自己的花瓣。之后还要再努力几个小时，花瓣才能全部张开。就在阳光即将晒干雌花花蕊的时候，蜜蜂终于携带着雄株的花粉赶来和它邂逅，花粉终于被传到它的雌蕊柱头上。

扫一扫，领略狝猴桃花朵震撼人心的绽放

< 狝猴桃的花苞

< 狝猴桃的花张开花瓣

< 蜜蜂赶来传粉

狝猴桃是雌雄异株的植物，只有雄株的雄蕊才能够产生花粉。虽然雌株上的花既有雄蕊又有雌蕊，但雄蕊只是个摆设，产生的花粉没有繁殖能力。只有借助蜜蜂，把雄株雄蕊上的花粉传播到雌株雌蕊的柱头上，狝猴桃才有孕育出果实的可能。

100多年前，当亨利·威尔逊带着狝猴桃的果实走出大老岭，回到宜昌口岸时，他对狝猴桃繁殖的秘密还一无所知。

虽然他已经把狝猴桃的种子寄往了英国和美国，但这些种子培育出的狝猴桃恰巧全是雄株，根本无法结出果实。

就这样，狝猴桃首次迈向世界的远征，以失败告终。但在宜昌口岸，狝猴桃注定会有一次生命的奇遇。

当时在宜昌口岸生活着40多名外国人，其中有西方领事、海关人员、商人和传教士，他们形成了一个相对紧密的圈子。《洋人旧事》的作者李明义经调查发现，亨利·威尔逊当时很可能就住在英国领事馆，而到宜昌探访妹妹的伊莎贝尔女士则住在苏格兰福音会，两地仅相距五六十米。亨利·威尔逊从大老岭回来以后，就跟大家分享狝猴桃的果实。伊莎贝尔不仅尝到了这种美味的果子，还把它的种子带到了新西兰。这种原本藏在大山深处的野果，又迎来了一次改变命运的机会。狝猴桃跨越赤道，来到陌生的南半球，但曾经在欧洲和北美洲遭遇的失败，会不会在它身上重新上演呢？

1904年，伊莎贝尔女士将带回的狝猴桃种子交给新西兰当地果农种植。狝猴桃被收养了，幸运的是，新西兰对它来说是一个再合适不过的"摇篮"。

这里的冬季没有连续低温，春季也没有霜降。更重要的是，这里的土壤足够疏松透气，而且火山灰土中的有机质含量高达10%以上，正好符合它的生存需求。

1910年，在新西兰旺加努伊的一个果园中，这个在当时被称作"中国鹅莓"的藤本植物，终于结出了果实。

此时，它已经来到新西兰6年了。这是猕猴桃第一次在中国以外的地区开花结果，它终于在南半球迎来了自己的新生。

这一切都源于伊莎贝尔女士带回来的那把种子所培育出的一株雄株和两株雌株。

幸运之神眷顾了新西兰。不过，猕猴桃一开始只是在植物爱好者之间传播，后来经过新西兰人的不断驯化和培育，才有了诸多品种和多层次的酸甜口感。

人类选择水果时，口感是做出判断的重要依据。口味的偏好不仅受基因的控制，还受环境和生活经验的影响。同一个地域的人往往口味相近。猕猴桃有着如此丰富的口感，如何才能挑选出适合不同人群的种类呢？

扫一扫，参与有趣的猕猴桃口感测试

< 新西兰口感丰富的猕猴桃

科学家招募了一批刚到当地、口味还没改变的消费者。同时，他们谨慎挑选水果样品进行测试。

为了避免被测试人产生偏见，他们用不规律的3位数字来标记猕猴桃样品，并且将样品打乱分发给每一个人，防止被测试人凭顺序猜测优劣。此外，科学家们还用颜色变幻的灯光，减去色差可能对口味的影响。所有的实验样品都用同样的方式提供。由此，甄选出更受欢迎的猕猴桃。

这么做的目的只有一个：让人们避开一切干扰，只基于猕猴桃本身的味道做出判断。

猕猴桃满足了新西兰人对味道的极致追求。然而它早期的果实都非常软，且容易腐烂，没有办法长途运输。

所以，猕猴桃要想从位于南半球的新西兰走向其他大陆，就必须解决不耐储存的难题。它还会有另一次奇遇吗？

第一次，与亨利·威尔逊相遇，它被带出了大老岭。

第二次，与伊莎贝尔女士相遇，它被带到了新西兰。

直到第三次，它和另外一个人相遇，才被带向了世界。这个人就是新西兰的海沃德·怀特。

海沃德·怀特在苗圃里撒下猕猴桃种子，并进行选育。1928年，经过他的不断选育，这里长出的40株猕猴桃里，有一株的果实果形美、口感好，最重要的是耐储存。

后来，这个品种被命名为"海沃德"，是最好的猕猴桃品种之一。正是由于这个品种的成功繁育，才引领了新西兰猕猴桃产业的成功。大自然和人类共同创造的偶然机遇，让猕猴桃的命运又一次发生了改变。

狓猴桃从此有了长途旅行、走向全球的可能。此后，它点燃了新西兰人的热情，开始被大面积种植。

　　每年4月，新西兰狓猴桃就会进入收获季。为了统一管理，果农们一起成立了组织，从品种选育、果园规划到生产运输，都有一套科学流程。在对重量、硬度、色泽、干物质含量和甜度等进行周密检测后，狓猴桃才可以被采摘。

　　目前，新西兰的狓猴桃产量约占全球总量的三分之一，而中国——狓猴桃的故乡，已经成为它最大的销售市场。1904年，狓猴桃还是个野果。1910年，它在新西兰获得新生，并且有了一个新的名字："中国鹅莓"。1928年，它完成了一个华丽的转身，成为被广泛种植的水果。1952年，它首次从新西兰出口，之后有了一个以新西兰国鸟命名的名字"kiwifruit"。如今，它远销全球59个国家和地区，成为新西兰人心目中的"国果"。伴随着一种植物的发现与驯化，诞生了一个与水果相关的工业体系。在某种意义上，狓猴桃甚至改变了一个国家的命运。

<海沃德狓猴桃

拯救正在坍塌的野苹果王国

苹果，一种平凡却不普通的水果。它在很多地区被封为"水果之王"，它的栽培品种有几千种之多。今天，人们经常吃的苹果属于"现代苹果"，登陆中国还不到150年的历史。但其实，苹果的祖先在中国的新疆。

远古时期，人们如果发现一个香甜的苹果，会立刻吃了它。甜，似乎就意味着能填饱肚子。现在我们知道，甜的食物热量高，能提供更多的能量维持生存。在漫长的演化过程中，对"甜"的追求被逐渐镌刻进人类的基因里。

直到现在，甜味仍然能引发人们的愉悦。在日本出生的红富士，最大限度地满足了人类对于甜味的追求。它们又大又红，又甜又脆。每个果实的口感几乎都一模一样。在世界最大的苹果产地——中国，红富士成了最受欢迎的品种，其产量占全国苹果总产量的70%左右。但人类对于滋味的极致追求，让苹果品种变得越来越单一。对所有物种来说，单一往往意味着风险。那么，怎样才能化解苹果的这种风险呢？

我们来到欧亚大陆的腹地，中国新疆天山山脉的深处。这里是苹果重要的基因宝库，分布着大片野果林。

数百万年来，野苹果树就在这片土地上繁衍生息。在上一个冰川期，这里更是它们最后的"避难所"。

野果林里，"苹果王"挺立在最高处。如今它已经600多岁了，是这片野果林中年纪最大的果树。

<600多岁的"苹果王"

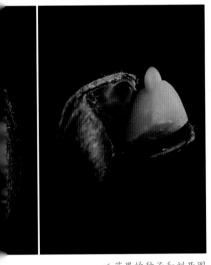

<苹果的种子和剖开图

几百年来,众多动物和菌类在"苹果王"的身上安家,留下了许多洞和凹槽,但"苹果王"和它们相安无事。因为在漫长的演化过程中,它们已经学会了和谐相处。丰年时,这棵"苹果王"依然可以产果300多千克。

俗话说:世界上没有两片完全相同的叶子。这句话放在苹果身上或许更准确。苹果的基因高度杂合,遗传背景非常复杂。就像"苹果王"所在的这个野苹果王国里,苹果树千姿百态,各有千秋。这种多样性正是野苹果生命力的体现。

野果林里藏着苹果的生命密码。然而此刻，这些野苹果正面临着一场严峻的考验。"杀手"就藏在看不见的地方。这些"杀手"的幼虫，长度只有15～22毫米，它们躲在苹果的枝条内部，凭借坚硬的武器——上颚，不断啃食树枝，破坏果树输送养分的能力。得不到足够多营养的苹果树，就此干枯而死。

1993年，天山深处，人们嫁接了从内地带来的未经检疫的苹果树枝，这种叫作小吉丁虫的家伙就躲藏在这些苹果树枝中而被带到了这里。它的突然入侵打破了整片野苹果林原有的生态平衡。野苹果树猝不及防，还没来得及建立起任何防御机制，小吉丁虫已经通过快速繁殖，形成了种群。"苹果王"站在高处，躲过了小吉丁虫的迫害。但在山脚下，它的同伴却没有那么幸运，绝大多数的野苹果树正在干枯或死亡，这里的野苹果王国正在坍塌。苹果基因的多样性，这份来自大自然的馈赠，因为人们的疏忽而岌岌可危。

好在中国科学家已经发现了这个严重的问题。他们正在和小吉丁虫展开"搏斗"，想办法解决它们带来的危机。植物学家们几乎每年都要来这片野果林采样，调查这些野苹果的生存状况。他们利用新疆野苹果的基因，培育出了全红果肉的苹果，帮助这里的苹果王国重建家园。

现在，虽然有了人类的帮助，但要想在这个星球上生存下去，苹果就得自己变得强大。因为这场有关生存的攻防战永远没有尽头。而野苹果林，就是人类思考如何和植物相处的救赎之地，也是人和自然和谐相处的新起点。

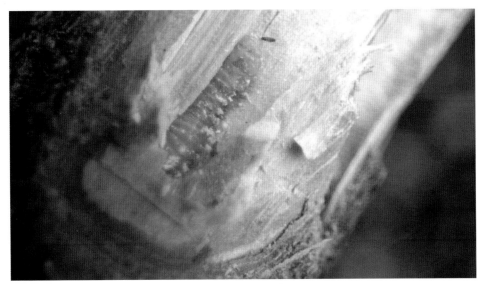

<野苹果林的杀手·小吉丁虫

<全红果肉的苹果

桃的祖先——光核桃的前世今生

青藏高原，世界上海拔最高的高原。有一种中国人非常熟悉的水果，它的故乡就在这里。

<南迦巴瓦峰

喜马拉雅山脉最东端的南迦巴瓦峰，常年积雪，在它的脚下，流淌着中国最长的高原河流——雅鲁藏布江。数亿年前，古冰川从这里退却，留下了一个个冰碛丘陵。

<光核桃

　　高大的树种没了，甚至高等植物几乎都没了。
除了为数不多的高山栎和柳树，能够成片出现在这
里的就只有一种植物。它就是桃的祖先之一，它的
名字叫光核桃。

<雅鲁藏布江两岸生长着许多光核桃

　　海拔3 000米左右的河谷两岸，就是光核桃繁衍
生息的地方。背后是昂扬的高山，脚下是清澈的河
流，具有极强生命力的光核桃，在这里感受着澎湃
与豪迈，生长得美丽又狂野。

　　面对高海拔、低温、低氧的生存环境，光核桃
必须把能量消耗降到最低水平。它的秘诀是睡觉。
只有熬过了冬天，它才能迎来春天，早日开花。此
时，清明才刚刚过去，在尼洋河畔的波密县玉许
乡，光核桃的花朵已经绽放。

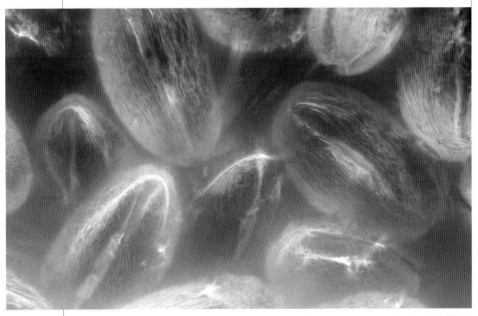

< 光学显微镜下放大100倍·光核桃的花粉

　　将光核桃的花粉在光学显微镜下放大100倍后，可以看到它们的外壁上有这种平行状条纹。这种纹路十分原始，这就是光核桃原始性的证明。

<光核桃散播花粉

　　短短20天的花期里，光核桃必须抓紧时间散播花粉，才能有繁衍后代的可能。在这样寒冷的环境中，很少有其他动物可以帮它传粉。光核桃能做的唯有努力绽放花苞，等待风的到来。只要抓住风创造的传粉机会，它就能拥有繁衍下去的可能。

<波密县玉许乡·编号为138的光核桃树

　　每年开花时间，植物学家都会来波密县玉许乡拜访这棵编号为138的光核桃树。它的树龄已经达到700多年。就是通过对这棵树进行采样和基因测序，植物学家证明了光核桃是桃最原始的祖先之一。这种旺盛的生命力，更是一种伟大的象征。

< 田间地头的光核桃

　　在西藏，光核桃被当地藏民看作"高原神树"。
他们从不修剪，更不打扰，任由光核桃在田间地头
自由生长。因为光核桃比他们更早来到这片土地，
这是一种对生命的尊敬。

<格萨尔古堡

相传在1600多年前，格萨尔古堡搭建的时候，光核桃就已经在这里扎根了。如今，它看到过生，看到过死，经历过人类战火的洗礼，也经历过人类家园的重建。不论繁华还是寂灭，它都静静地站在这里，陪伴着人们。

　　西藏野生光核桃树的数量非常多，大多集中在林芝、日喀则等地。它的果实皮薄肉少，还保留着原始的涩与苦的味道。它的花，粉中透白，很像纯洁烂漫的樱花。

　　在帕邦喀，更是有一棵1300多岁的"神桃"，传说是由松赞干布等三位先贤种下的。每到花开的时候，这棵树上会开出3种不同颜色的桃花，令人神往。

　　千百年前，人们从光核桃的果实中挑选那些味道甜美的带出高原。伴随着人们的足迹，光核桃的身影逐渐遍布大江南北。于是有了后来的桃、山桃、甘肃桃、蟠桃……

　　随着驯化，光核桃后代的果实——桃子，变得甘甜多汁，果肉也越来越厚。同时，桃核也从表面光滑，变得沟壑纵横，仿佛记录着桃的驯化足迹。

　　桃有着极强的生命力。在漫长的发展历程里，它成了栽培范围极广的一种水果。

　　出生于高原，它的抗氧化能力出类拔萃。研究发现，它的各种营养成分都非常平和，而且几乎都是利于人类吸收的。即便离开高原，它依旧留下了"桃养人"的传说，"人面桃花"似乎也有了科学依据。

　　从远古时代起，桃就和中国的先民相遇，在融入中国人的生活后，桃更成为人们精神上的寄托，被赋予越来越丰富的内涵。没有哪个国度的人，像中国人这样热爱它、歌颂它。

　　桃连接起人与自然，它极强的生命力让人们尊重，它天然的美让人们向往。

<光核桃的核

<桃核

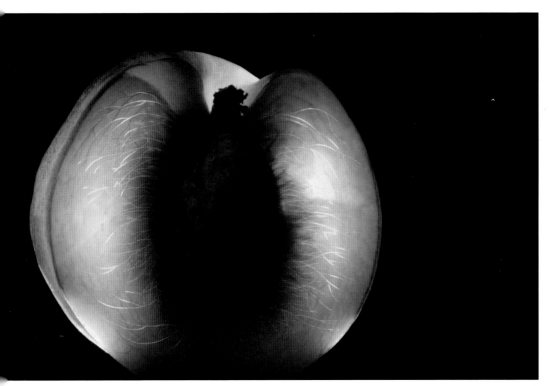

<桃的特效观察

植物的"诺亚方舟"

离开大自然，我们来到了植物的另一个家——中国农业科学院国家作物种质库。在这里，种子可以安然沉睡。

20世纪80年代，带着该如何与自然相处的担忧，人们为植物建起了这个家。这个寄托了人类希望的植物"诺亚方舟"，可以让植物在面临战争、洪水、火灾、瘟疫等威胁时，多一份生存下去的可能。如今，这里收集了40多万份各类植物的种子，它们都被储存在-18℃的大冷库里。

在这里，果树还有着特殊的储存方式，比如苹果。苹果树的休眠芽，就是春天来临之前包裹在枝条里的小嫩芽。此刻，它们还保持着生命力。这些休眠芽将被放进-196℃的液氮罐里。在超低温的环境中，它们的生命力得以长久保持。

这里保存的植物，是属于全人类的财富。在大自然的万千植物中，有700多个果树树种生长在中国，约占全世界果树树种总量的一半以上。它们滋养了人类，也丰富了人类的味觉体验。伴随着人类对植物的无尽探索，对美味的无限追求，越来越多的植物宝藏将被挖掘和发现。人类和植物，正是在这种相处方式中互相影响、互相塑造。

<苹果树的休眠芽

The Journey of Chinese Plants

竹子

谁也"竹"宰不了你的命运

春天，万物生长的季节。随着温度回升，生长在中国大地上的大多数植物渐次复苏。其中有一种植物，它是草，却拥有树的身高。它以旺盛的繁殖能力和惊人的生长速度著称于世。它或许从10 000年前就开始陪伴人类，是人类亲密的伙伴。关于它，有很多不为人知的故事。

别闹！你怎么会是草呢

提到竹子，人们一定都不陌生。但要说竹子是草，不是树，大多数人都会感到惊讶。但是，这就是真相，竹子是多年生禾本科植物，属于草的家族。

在一片树林里，往往一棵树就是一个独立的生命。但竹子不同，一片偌大的竹林，或许只有一株完整的生命，而每一根竹子都是这个生命的一部分。这个关系到生命的秘密，就藏在看不见的地下世界里。竹子的"秘密武器"是地下茎，它们横走在地面之下，有明显的分布，节上生根或长芽，芽则可以萌发成新的地下茎或向上生长，破土成竹。地表之上的每一根竹子，都是地下茎的分支。这些地下茎才是整片竹林真正的主干。

每年秋天，竹子会用地下茎储备足够的养分，为次年春天培育竹笋做好准备。在整个冬季的休眠后，随着气温回升，竹笋们开始萌动。此时，只需要一场丰沛的雨水，它们便能挣脱大地的束缚。在还没有出土前，竹笋们就已经拥有竹节。现在，出土后的它们，身体的每一节都开始向上生长。它们之所以拼尽全力，是因为地下茎中储存的养分有限，只有少数有希望长大的竹笋，才能获得充足的能量。

但这只是它们要面对的第一个困难。天气条件始终掌控着竹笋的命运。紧紧包裹着竹笋的笋壳，虽然起到了防寒防雨的作用，但竹笋的生长还是会受降温的影响。况且，如果雨水太多，它们还可能因为地下茎无法呼吸而被淹死。越是幼小的竹笋，就越容易在这样的天气中夭折。

在我们探访一个毛竹家族的时候，竹林里突然风雨大作。不多久，倒春寒包围了这里。但对整个毛竹家族来说，比这更加恶劣的天气，它们也早就经历过千百次了。以无数同胞的生命为代价，它们逐渐了解了自己的生存极限。今天，毛竹们大多生活在我国长江以南的山区。这些地方即便出现倒春寒，低温也不会持续太久。同时，山体的坡度也可以防止雨水积存。得天独厚的出生环境，让这里的一部分竹笋得以幸存，但挑战还在继续。

从竹笋长成竹子，并不需要太久的时间。在它们生长最快时，一天可以长0.5～2米。大约50天后，它们就能长到20多米高——这是很多树木生长几十年才能取得的成就。

扫一扫，延时摄影呈现竹笋破土的瞬间

< 毛竹的竹笋

就在这短短数十天内，竹笋们的命运已经被决定了。每年出土的竹笋，只有不到一半能够长大成竹。在巨大的生长消耗中，地下茎中积蓄的养分越来越少，几近枯竭，那些还没来得及长高的竹笋，要么自生自灭，要么成为人类的盘中美餐。而那些幸运的竹笋，将成为竹林真正的一员，可以尽情地舒展腰肢。因此，竹子从诞生的那一刻起，就必须竭尽全力，迎接各种挑战。正是凭借着强烈的生存欲望，千万年前的那株草才一步步成为今天的模样。

竹子长成"大树"的秘密

身为草本植物的竹子，为什么要如此与众不同，拥有如此令人仰望的身高呢？

我们来到澜沧江畔，希望可以找到答案。

这里分布着大片天然竹林，是植物的天堂，也是残酷的竞技场。为了争夺阳光，每种植物都必须有一技之长。竹子引以为傲的就是它们的生长速度。这种惊人的生长速度，让竹子可以迅速占领制高点，获得充足的阳光。

可以说，正是因为获得了身高上的优势，绝大部分竹子才能成功地在森林这种生存环境中占据一席之地。但对竹笋来说，仅仅取得身高上的优势，还不足以维持生存。它们还必须让自己的躯干足够坚韧，才能够直立起来、抽枝展叶，也才可以靠光合作用自力更生，真正成为森林的一分子。

如果不能拥有像树一样坚硬的躯干并兼具韧性，就不可能获得和树比肩站立的资格。

竹子的身体里还隐藏着一个秘密。光学显微镜下，将竹子的横截面放大20倍，可以看到呈梅花状分布的维管束，其中富含的纤维，赋予了竹子韧性。而维管束周围的组织，则让竹子坚硬强壮。在竹子体内，维管束的分布由内向外逐渐紧密，保证了竹子最易受外力袭击的身体外侧更加坚韧。在竹笋长成竹子的过程中，维管束和它周围的组织都在不断完善，它们就像钢筋和混凝土，共同构筑了竹子高挑却坚韧的躯干。

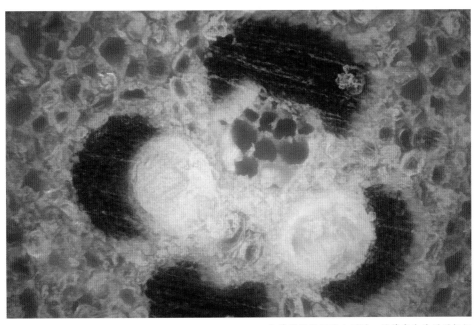

< 光学显微镜下放大20倍·维管束和其周围组织

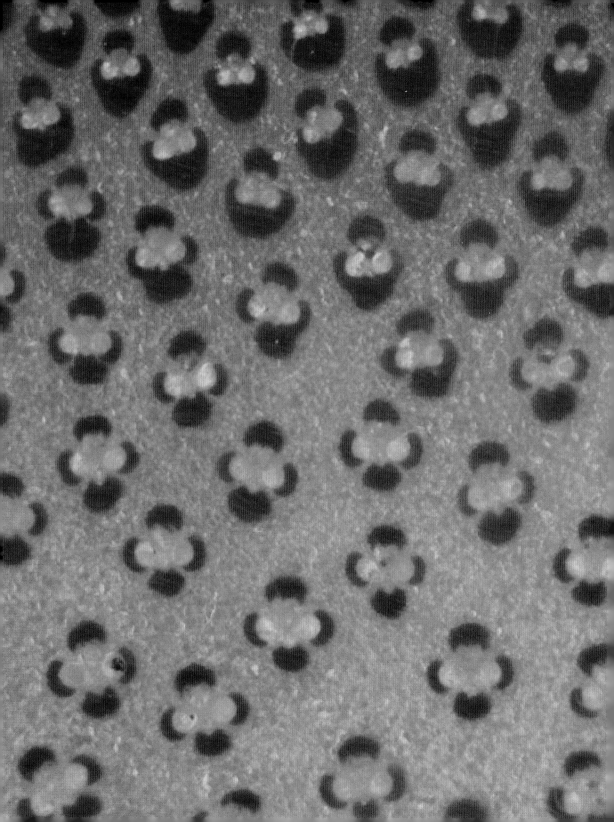

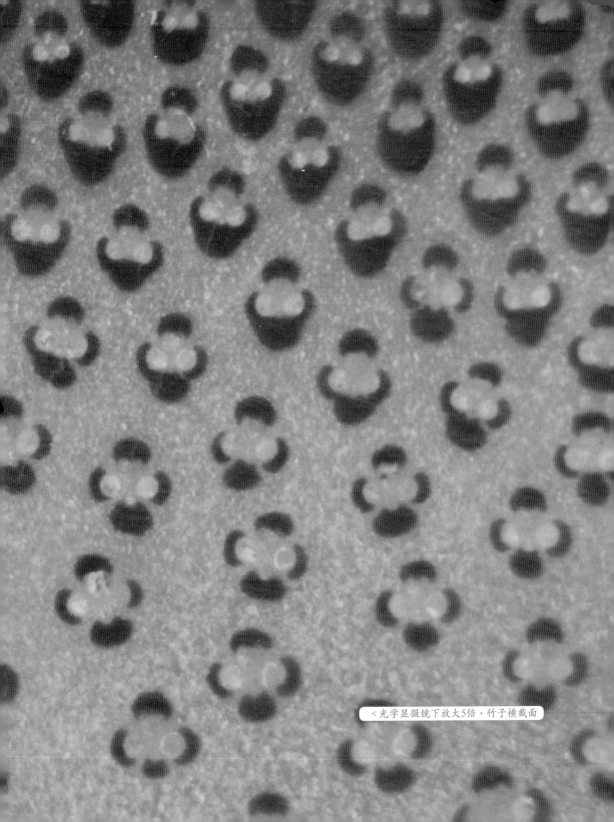

＜光学显微镜下放大5倍·竹子横截面

竹子崭新的存在形式是什么

维管束赋予了竹子韧性，而维管束中富含的纤维也让它成为人类制作记忆工具的原料。随着时代的变迁，文字的载体不断发生改变。其中，竹子两次扮演了重要角色。

第一次是以竹简的形式。

相比龟甲、兽骨、金石等材料，竹子材质轻、分布广泛。用它制成的竹简，在纸诞生以前，是中国人最主要的文字载体。5 000年的中华文明，有2 000多年都记载在了竹简上。有了竹简，书写系统得以稳定，汉字和中国文化因此可以进行更广泛的传播。正是它的出现，百家争鸣的文化盛况才得以形成，也才使孔子、老子等名家名流的思想能流传至今。

第二次是以竹纸的形式。

当人们掌握了提取竹纤维的技术后，竹子又成为造纸的原料，从此以崭新的形式承载着人们无形的思想和情感。但竹子对人类的奉献还远不止于此，它的存在形式也远比竹简和竹纸要丰富得多，比如竹制的雨衣和雨帽、农业器具、竹篓、量具、勺子和筷子等。

汉武帝时期，著名外交家、探险家张骞出使西域曾到了中亚地区。回国后，他报告说，在中亚的一个国家"大夏"（现阿富汗北部一带地区），曾见到商人转卖从今天的印度贩来的四川竹杖。此外，据东罗马帝国的记载，隋朝初年，中国的蚕种传入西方，就是用一节中空的竹子运过去的。

<専家正在使用竹纸进行古籍修复

是不是没有竹子就没有大熊猫

在古法造纸里，那些刚从竹笋蜕变过来，即将抽枝展叶的竹子是最理想的选择。它们富含纤维，同时柔韧度适中。对那些被选中的竹子来说，它们在生物学上的生命已经终止，将以另外的"生命形式"继续为人类服务。而对那些还在竹林中生长的竹子来说，迎接它们的将会是残酷的考验。

竹叶，是竹子全身最轻盈柔软的部位，它们像一块块太阳能电池板，为竹子合成生命所需的养分。这些叶片经冬不凋，让竹子有了越冬的能力，但这也可能置竹子于死地。因为对竹子来说，真正的威胁不是寒冷，而是雪。

千枝万叶承接的每一片雪花，都是竹子的生命中不可承受之重。

　　这种无声的较量，几乎每年冬天都会上演。即便竹子能够挺过寒冬，它们的叶片还是会在风雪的侵蚀下逐渐老化。为了生存，它们在第二年春季到来时会更换叶片。对它们而言，这场换叶仪式关乎性命。但它们新长出的叶片，早已被其他物种预定。

< 竹蝗

　　竹子的天敌中，仅蝗科昆虫就有20多种，比较常见的是竹蝗家族。新长出的竹叶，正好成为它们孵化后的第一顿美餐。

<竹蝗寻找配偶

　　面对这些肆无忌惮的掠夺者，竹子无处可躲。

　　在蚕食了足够多的竹叶后，竹蝗迎来了羽化的时刻。从这时起，它们有了生儿育女的能力。

　　雄竹蝗交配过后就会死去，而雌竹蝗还必须完成最后的使命——产卵。虽然耗尽了所有气力，但小竹蝗来年就会诞生。

竹蝗的繁衍生息与竹子牢牢绑在了一起。在众多以竹为生的物种当中，最为家喻户晓的就是大熊猫。很少有人知道，正是因为竹子，大熊猫的命运才被彻底改变。在秦岭，我们探访了一头成年的野生大熊猫。它每天要花大约16个小时，吃掉大约40千克竹子。40千克，这大约是一个成年人20天的饭量。食量惊人，是因为大熊猫是肉食性动物，它们的肠胃无法有效吸收竹子中所含的营养物质，所以只好以量取胜。

大熊猫演化出的第六根伪拇指，可以帮助它们更加方便地抓握竹子。长期咀嚼坚硬的竹子，也让它们拥有了发达的咀嚼肌和厚重的头骨，脸更是因此变得越来越圆。大熊猫为什么会把竹子当作"主食"呢？一个合理的猜测是，在自然环境剧烈变化的时期，顽强生存的竹子尽管并不美味，却足以让大熊猫果腹，而且茂密的竹林还为大熊猫提供了防御天敌的屏障。也许正是因为竹子的存在，才有了今天的大熊猫。

< 一头成年的野生大熊猫正在吃竹子

洗涤心灵的声音：从一根竹子到一支尺八

当竹子逐渐步入壮年后，它们的外貌几乎不再发生变化，但生活对它们的考验却从未停止。竹子高挑的身材，容易受到恶劣天气的伤害。但它们早有准备。应对办法，就藏在它们身体的每一个部位中。

<通过特效呈现竹子中的维管束

随着年龄的增长，竹子会不断优化体内维管束的排列方式以增强韧性，再加上中空结构、竹节以及内部起支撑作用的横梁，竹子拥有了极佳的抗弯能力和强度。

面对恶劣气候的进攻，它们身体的每一个部位都发挥着各自的作用，让它们不会轻易向风雨折腰。

清代书画家、文学家郑板桥用"千磨万击还坚劲，任尔东西南北风"的诗句来赞颂竹的刚毅。而竹子今天的至刚至柔，也正是千万年来，风雨不断磨砺的结果。

这种中空的结构和特殊的韧性，还让竹子成为人们眼中制作乐器的上好材料。

从古到今，用竹子制成的乐器不胜枚举，如笛、箫、笙、竽等。其中，有一种乐器，因管长一尺八寸（40～60厘米，古代每个朝代一尺的长度都不一样），得名尺八。

尺八的声音苍凉辽阔，曾经是我国古代宫廷雅乐的重要吹奏乐器，大约在唐宋时期，被作为吹禅法器传至日本。1300年后的今天，竹制的尺八早已在日本落地生根、开枝散叶，成为日本具有代表性的传统乐器之一，并拥有众多流派。但在中国，它却自宋元之后逐渐消失，直到20世纪初期，尺八一词才重现于中国音乐的历史舞台。

在日本，我们专程拜访了普化尺八明暗对山流的第四代传人——塚本松韵，雅号"竹仙"。20年来，竹仙最大的心愿就是将普化尺八的声音带回它的发源地——中国。他一直坚守着尺八从中国传来时的禅意内核。在制作上，普化尺八会最大限度地保留每根竹子的本色。就像每个人都有不同的性格，每支普化尺八也都有独特的音色和外形。吹奏者必须根据每支尺八的不同特点调整自己的气息，并在一呼一吸间，探索自己的内心。

<竹仙手中的正是尺八

从一根竹子到一支尺八，人们完成对它的塑造，而它用声音洗涤着人们的心灵。这正是尺八的魅力所在。

宁可食无肉，不可居无竹

或许是被竹子无畏风雨的生命状态所打动，它在人们眼中，不再只是山林间的植物。

大约从秦汉开始，竹子逐渐成为人们的审美对象；到了唐宋时期，它们不仅频繁出现在文人墨客的吟咏描摹中，更被广泛种植在房前屋后，成为美好品格的化身。

人们将它与梅、兰、菊并称为"四君子"，又将它与梅、松并称为"岁寒三友"。

在中国文化里，竹有"十德"：身形挺直，宁折不弯，象征正直；虽有竹节，却不止步，象征奋进；外直中通，襟怀若谷，象征虚怀；有花深埋，素面朝天，象征质朴；一生一花，死亦无悔，象征奉献；玉竹临风，顶天立地，象征卓尔；虽说卓尔，却不似松，象征善群；质地犹石，方可成器，象征性坚；化作符节，苏武秉持，象征操守；载文传世，任劳任怨，象征担当。

古人云："宁可食无肉，不可居无竹。"在曾经文人士大夫的私人居所园林中，竹景随处可见。

直到今天，竹子在人们心中的位置仍然不可替代。

一步一步，竹子从远古走来，从山野走进人类的视野，又从日常起居的生活用具上升为人类心中的谦谦君子。正如英国学者李约瑟所说：东亚文明乃是"竹子文明"。

< 苏州博物馆里的竹

竹子是怎样从中国走向世界的

在自然界中，为了生存，每根竹子之间会通过相连的地下茎不断进行营养传输，共同分担环境压力。在繁殖扩张方面，很多竹子的地下茎还发展出另外的特长。比如毛竹，在地表上看似与世无争，但在泥土里，它们的地下茎却向四周不断扩展，攻城略地。竹子犹如"长上了双脚"，繁殖扩张变得更加便利。

在生存繁衍的本能驱使下，在自然界的各种考验中，竹子不断改变着自己。最终，一株草成功地在地球上繁衍出拥有1000多个成员的竹子大家族。今天地球上的竹子，或许不是最美丽、最强大的，但它们一定是最顽强或最幸运的。

< 毛竹地下茎攻城略地示意图

< 海拔3 000多米的"华中第一峰"神农顶，每年有5个月被冰雪封冻。这个海拔几乎是竹子所能生存的极限高度。生长在这里的神农箭竹虽然身形矮小，但却是少数能在这里过冬的生命

< 在草木丰茂的雨林中，梨藤竹属植物甚至还掌握了攀爬的技能，它们能借助其他植物的高度获取阳光

< 巨龙竹则成为世界上已知体型最大的竹子，身高将近10层楼高，而且砍下一节，就能当作水桶。每一种竹子都有自己独特的外貌，每一种竹子也都有自己的生存之道，在这种种不同的背后，它们共享着同样的最原始的欲望——生存和繁衍。当竹子与人类相遇后，它们又借助人类的帮助，进一步在世界范围内开疆拓土

< 在日本京都岚山竹林，来自中国的毛竹成为这里的主角。但关于毛竹是怎样被引入日本的，已经无从考证。目前有史证或物证的是在200多年前的江户时代，岛津家21代吉贵在1736年从琉球移植来两棵毛竹，开启了日本的毛竹种植。今天，毛竹已经成为日本占地面积最大的竹种之一

< 在英国的皇家植物园邱园中，上百种竹子在这里安家落户。1907年，那位曾经寻找猕猴桃的英国"植物猎人"亨利·威尔逊，从中国引种了一种在他眼中最漂亮的竹子，并用他女儿的名字为其命名。在中国，这种竹子被称为"神农箭竹"。今天，神农箭竹已经成为欧洲引种最成功的中国山地竹子之一

< 在中国以外的其他国家，竹子还只是拓荒者。比如在意大利的方丹内拉多，它被用来建造迷宫。但随着人们对它认识的不断深入，它在未来也许会拥有更广阔的生存空间

植物运行了数亿年之久的光合作用，让生命得以在地球上活跃。只需要借助一些阳光和水分，它们就能将二氧化碳转化为生命所需要的养分，并且释放出对这颗星球上所有生物都至关重要的氧气。

随着科技的发展，人类不断以各种各样的方式将碳排放到大气中，但如何将碳吸收固定，目前主要还只能依赖植物的光合作用。相比其他植物，竹子异乎寻常的生命力和生长速度，迫使它们必须更加勤奋地进行光合作用，才能为生存繁衍提供足够的养分。对人类而言。竹子对光合作用的强烈需求，成为一种有效的固碳方式。

在世界森林面积不断缩减的今天，越来越多的人开始将竹子视为绿色环保的可再生资源。

当越来越多的人认识到竹子的绿色环保时，就会有更多的竹制品在人们生活中流通。当越来越多的人开始善待竹子时，竹子便会拥有更多的生存空间。

竹子，人们越是认识它、了解它，就越懂得如何利用它，也越离不开它。竹子的一生，每个阶段都散发着魅力。这种魅力使它与无数物种的命运相互交织。

从竹与人相遇的那一刻起，两个物种的命运都发生了深刻的改变。不同种类的竹子，在人们手中变换出不同形态。它满足人们的口腹之欲，方便人们生活和出行，帮助人们分担繁重的劳作。它承载了人们的琐碎日常，也寄托了人们的希望。它在无意间塑造着人类的文明。

无法破解的告别之谜

在自然界的万千植物当中，竹子因它顽强的生命力以及对人类的贡献，被永远铭记。在《现代汉语词典》中，以竹为偏旁的汉字就有200多个。对人类而言，每一个字都是一种提醒，提醒人们不要忘记竹子对人类的滋养。然而，如同地球上所有的生命一样，竹子的生命也有终结的一天，只不过，它的告别方式与众不同。

见过竹子的人很多，但见过竹子开花的人却少之又少。在人类眼中，"花"常常是美丽芬芳的代名词，竹子的花也是如此。它一生只开一次花，而且开花时间非常神秘，有可能一等就是数十年。至今没有人能够预测它开花的确切时间。

2018年6月，广西桂林的竹林终于有竹子开花了。开花前，同一根地下茎相连的所有竹子都会达成默契，同时开始为开花做准备。它们慢慢褪去一身的翠色，将自己身上几乎所有叶芽转化成花芽。

< 竹子的叶芽转化成花芽

<成片的竹子开花

　　当一片竹林变成黄色时，竹子的花就挂满枝头了。这一朵朵黄色的小花，让竹子迎来生命中最绚烂的时刻，同时也让竹子迎来与这个世界告别的时刻。正是用开花，竹子宣告着自己的生命已经走到了尽头。

竹子的花也许不够艳丽，但却足够壮烈。因为它们往往是大面积成片开花，且开花即死。

20世纪90年代，之前引种到欧洲的神农箭竹开始大面积开花。而在远隔重洋的中国，神农架的竹子也几乎同时开花。一时间，竹子开花成为人们热议的话题。

热爱竹子的麦因卡女士，在德国的《时代周报》上说：竹子只要一开花就将枯死。对于竹子这个著名的秘密，我们曾经一无所知。当年，英国人"植物猎人"亨利·威尔逊把竹从中国湖北挖来，用船运到欧洲……在我们德国的花园和庭院里，有30万～50万棵竹子，它们都是当年那棵中国竹的后代。过去的90年中，它们在这里繁衍生息，多么旺盛！可是此刻，这里所有的花都在为死作殉……

有研究表明，无论哪一年生长的竹子，只要它们地下茎的年龄相同或相近，它们就会几乎同时开花，哪怕处在不同海拔、不同温湿环境，甚至不同大洲。

对有些物种来说，竹子生命的结束是一种灾难。科学家们每年都会收集并研究竹子的花和种子，希望能够借助现代科技的手段，揭开竹子开花的秘密。几乎所有关于竹子开花的研究都还处在起步阶段，这是一场注定艰辛的"持久战"。也许，许多科学家在他们的研究生涯里，一辈子也等不到实验对象开花，但他们仍然坚守，努力为他们的学生创建一个研究体系。

尽管人们还无法预知竹子会在何时开花，但同大多数植物一样，竹子开花也是为了繁衍后代。

< 中国科学院昆明植物研究所的研究人员在收集竹子的种子

这是它们一生中唯一的机会。

当它们把叶芽转化成花芽时，就意味着它们决定放弃光合作用，只为拥有孕育生命的能力。它们牺牲自己，只为了给整个种群留下更多生的希望。

到了授粉的时节，竹子上每一朵小花的柱头都在期盼着花粉的到来。大约9小时，花粉如果还不能和柱头相逢，便会永远失去孕育生命的机会。每一阵风，每一只路过的昆虫，对竹子而言都是一线生机。

随着这次探索进入尾声，秋季即将到来，开花的毛竹们也完成了孕育的使命。但对它们的种子来说，新的使命才刚刚开始。它们必须抓住生命中唯一一次可以移动的机会。因为从离开母亲的那一刻起，它们的生命就进入了倒计时，必须尽快找到一块合适的土壤，否则，将可能永远失去萌发的机会。

< 一颗掉落在蛛丝上的毛竹种子

<竹荪

　　当种子们离开母亲的怀抱，它们的母亲——毛
竹，也到了永远离开的时刻。一种名叫"竹荪"的
真菌，将会帮助毛竹重回大地的怀抱，化为土地的
养料。

　　在同一片大地上，新的竹子即将诞生。

<新生的毛竹

　　如果条件适宜，一粒毛竹种子入土大约半个月
后，就开始长出小苗。再过不久，毛竹小苗便会拥有
萌发竹笋的能力。通过不断生长的强大的地下茎，10
多年后，一株毛竹小苗也能长成一大片像它母亲那样
的竹林。人类诞生以前，竹子就在天地间傲然挺立。
它坚忍、刚直。它的历史，远比人类要久远；它的历
史，将一直向前。它为生存所做的努力成就了自己，
也成全了无数物种。它是竹：禾本科，竹亚科。

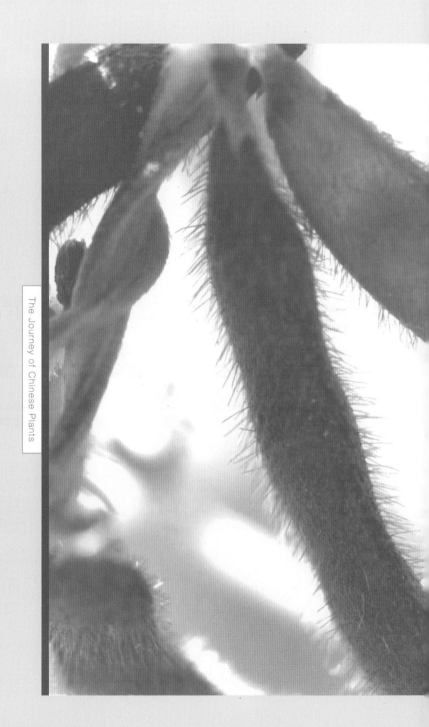

大豆 / "豆"是蛋白质闹的

中国有着十分原始的生命面貌，数以亿万计的动物、植物在中国这片土地上生生不息。其中，有一种植物非常特殊，它的种子富含蛋白质，这也决定了它的命运。

8 000多年前，它第一次和中国先民相遇。后来它成就了"中原有菽，庶民采之"的景象。再后来，唐朝时它从中国出发，足迹遍布这个星球。它虽然外表朴实，却以自己千变万化的智慧，浸润了人类生活的方方面面，养育了世界。

今天，就让我们进入一粒豆子的世界，去探寻它的神秘与力量。

野大豆的"发射塔"可真厉害

《诗经》中说："中原有菽，庶民采之。"

"菽"指的就是大豆，也被称为黄豆。

据记载，轩辕黄帝时中国已开始种菽。算到今天，它在中国足足已有几千年的栽培历史。它的祖先与中国先民的相遇，可能还要更早。

作为一种蔓生植物，大豆的祖先——野大豆总是把茎紧紧缠绕在一起，有时候趴在地上，有时候缠绕在其他粗壮的植物上，看起来非常低调。

扫一扫，参观野大豆的"发射塔"

< 野大豆

这种低调，不为别的，只为了等待秋天的到来。因为这个季节，正是它的孩子们在豆荚中"生长发育"的时候。此时，它需要想办法，给孩子们，也给整个家族争取最好的未来。因为如果孩子们以后都在自己身边萌发、生长，那么它们势必会和兄弟姐妹，甚至是身为母株的自己，争夺宝贵的阳光、养分以及生存空间。毫无疑问，这将是一场内讧。

　　而内讧对任何一个家族来说，都太过残忍了。因此，作为母株，它必须为整个家族的未来考虑：怎样才能将孩子们送到更加开阔、竞争较小的地方去呢？

　　为了繁衍，低调的野大豆终于爆发出巨大的能量，通过豆荚的爆裂，它将一粒粒种子弹射到2～5米外的地方。落到地上的种子在第二年发芽生长，成熟了的野大豆们再次在低调中爆发，弹出种子。年复一年，它从大自然的一角，2米，5米，一步一个脚印，不断向前迈进，不断拓展家族的生存空间。

　　如果我们将"时间线"拉得足够长，长到几千年、几万年，野大豆能靠自己的力量，"行走"几千米、几万米。但是，种群的延续不仅仅是弹射种子那么简单。

　　野大豆母株用尽全力，将种子送到远处以后，使命完成。而种子们必须学会靠自己的力量，在残酷的自然界中生存下去。

　　豆荚外面的世界，并不总是那么美好。对稚嫩的幼苗来说，自然界一点点的风云突变，都可能给它带来致命的伤害；鸟类和其他动物也能轻而易举地终结它们的性命。

一旦种子们同时发芽，钻出土壤，遇上水灾或者干旱，整个种群都将毁灭。于是，为了生存和繁衍，野大豆的种子们学会了休眠。

它们并不急着崭露头角，而是在土壤中韬光养晦，等待最好的时机萌发。这一等，可能是一两年，可能是三五年，也可能更久。这种等待，让种子们错开了萌发的时间，也降低了种群毁灭的风险。

<野大豆种子发芽破土

<野大豆种子萌发的幼苗

野大豆和人类的 "第一份合作协议"

对野大豆来说，生存是它们在演化过程中唯一的评分标准，不过这只是在它遇见人类以前。

人类能在短时间内，带领野大豆越过重重山峦，占据更多土地。但是，这首先需要野大豆作出妥协。

妥协的第一步，是野大豆必须停止爆裂豆荚，弹射种子。妥协的第二步，是野大豆必须将豆荚从种子的 "发射塔"，变成人类的藏宝箱。

合作协议

甲方：野大豆
乙方：中国先民

甲乙双方本着合作共赢、共同发展的目的，达成以下协议。
第一条　乙方应帮助甲方繁衍，并帮助甲方越过重重山峦，传播到更远的地方。
第二条　作为回报，甲方愿意向乙方作出以下妥协：
1. 关闭 "发射塔"，停止爆裂豆荚、弹射种子；
2. 将 "发射塔" 改造成乙方的藏宝箱。

野大豆和人类的合作并不顺利，他们经历了一个漫长的磨合期，长到几千年那么久。

合作一开始的麻烦，是大豆不能马上关闭"发射塔"。在人类的驯化和帮助下，它们用了很长很长的时间，才将"发射塔"彻底关闭。现在，它们的种子成熟以后，静静地待在豆荚里，等待被人类收获，可不就让豆荚成了人类的藏宝箱吗？

合作接下来的麻烦，是人类还想要更多。他们不希望大豆继续匍匐在地，低调地生长，而是希望大豆能够站起来，这样就能占据更少的土地空间，长出更多的植株。更重要的是，他们还希望大豆能将豆荚高调地暴露出来，方便识别和收割。就这样，又经历了漫长的磨合，这个愿望才终于实现。

< 栽培大豆

如今的大豆田，仿佛高楼林立的都市。大豆们也站直了身躯，高昂着豆荚，变得高调起来。

这种高调，背后是人类的保护和扶持。

虽然大豆的生长变得高调起来，但大豆本身仍是一种非常朴实的植物。喜爱大豆的人也是这样。

1990年，黑龙江逊克县的农民王莉媛在采山货时，偶然发现了东北的野大豆。它们有颜色多样、无限生长以及果实品种众多的特性。

这给她留下了深刻的印象，并让她生出一个大胆的想法：把野大豆培育成一种新品种作物。

可是，栽培和选育能不能成功，也许要用几十年，甚至一生的时间去等待。中国古代的先民们，就是用这样朴实的等待，保护大豆、呵护大豆，并期待大豆的回馈。这一等就是几千年，才换来大豆从野生植物到作物的转身。

王莉媛觉得，人活一生要活得有意义，得给后人、给这个世界留下点什么。可是，要怎么做呢？

王莉媛想到一个办法：在每两颗野大豆中间种一颗栽培大豆，让它们相互影响，每年收获的时候，都把最大的种子挑出来，第二年再继续播种。

就这样，豆子们一年比一年长得好，不仅个头变大了，豆皮变薄了，而且已经摆脱野大豆的休眠习性，能够同时发芽、同时成熟，有时还会掺杂两种颜色。等待了26年，野大豆给这位老朋友带来了双倍的回报—两个优良的大豆品种。王莉媛给它们起了名字："野黑1号"和"野褐1号"。

日本豆腐业的鼻祖竟然是大唐高僧

说到把大豆带出国门，就不得不提唐代高僧鉴真和尚。

关于鉴真和尚6次东渡的壮举，在日本唐招提寺保留着珍贵的记录：公元742年，鉴真和尚从扬州出发，先后5次渡海失败。在第5次东渡的时候，他的大弟子和邀请他到日本传教的留学僧相继去世，鉴真和尚也积劳成疾，双目失明。公元753年，已66岁高龄的鉴真和尚，第6次离开扬州。这次，他终于穿越飓风恶浪，抵达了日本，受到了日本举国上下的欢迎。经过6次东渡才最终成功，鉴真和尚格外珍惜这次机会。他不仅传播了佛法，还给日本带来了另外一件礼物——豆腐。

< 日本奈良唐招提寺长老——西山明彦向我们展示记录鉴真和尚东渡壮举的 《东征传绘卷》

据史料记载，豆腐诞生在公元前2世纪左右，距今约有2 200年。今天，世界上各种语言在表达"豆腐"一词时，大都使用的是中国汉语的发音，这是中国带给世界的礼物。

唐代时，豆腐已经是僧侣的日常食品，还有人称其为"素肉"。相传，鉴真和尚在日本期间，不仅在他居住的寺院制作豆腐，供养四方僧众，还把制作豆腐的技术传到民间。因此，日本将鉴真和尚尊为豆腐业的"鼻祖"。因为鉴真和尚，使用大豆制作豆腐的技术，从中国传到了日本。

日本四面环海，自然资源相对匮乏，所以当大豆到达日本时，就受到了当地人的重视和珍惜。一颗颗小小的种子日复一日、年复一年，在日本生根发芽，又经过一代代人的传承，成为日本人生活中不可或缺的食物。除了被制作成豆腐，大豆也被制作成各种各样的家常料理。其中，以大豆为主要食材的味噌汤，是日本人心灵的寄托。

< 用大豆制成的豆腐

妈妈手熬味噌汤的味道，也是伴随每个日本人一生的味道。每个家庭的味噌汤，都有每个家庭独特的味道。这跟母亲的出生地有关，比如京都的味噌汤和名古屋的味噌汤就不一样。这种"妈妈的味道"会让人很怀念。

对日本人来说，用大豆制作的豆腐和味噌汤已成为一种精神料理。他们深知，食物也是有灵性的，可以给人安全感、给人幸福。大豆是来自大自然的恩赐，只有善待它，也才会被它善待。

随着迁徙的脚步，大豆从原产地—中国来到了日本，实现了不一样的转身。大豆富含蛋白质的特性，也让自己成为日本餐食的重要组成部分。日本人的细腻与执着，成就了大豆现在的模样。接下来，大豆开始了另一次更加重要的旅程，前往另一片遥远的土地—美国。

"中国野豌豆"怎样变成美国"金豆子"

在美国的田纳西州，有一个叫马丁的城市。每年9月的第一个星期，这里都会张灯结彩，为大豆举行盛大的庆祝活动。

他们举办"大豆选美"，参加"大豆游行"，无论男女老少，都为大豆歌唱。周边城市的民众，甚至是远隔千里的外州居民也会慕名而来。

这是大豆在一年中最浓墨重彩的出场。但在200年前，大豆刚刚来到美国的时候，却在这片异乡的土地上遭到冷遇。

1765年，也就是清朝的乾隆三十年，大豆被英国人引入到美国制作酱油。在美国，大豆一开始可没有像在日本那么好的运气，因为它既不好吃也不高产。于是它被19世纪的美国人称作"中国野豌豆"。直到1920年，大豆才遇到在美国大展身手的第一个机会。这一年，美国大豆协会成立，并且有了对豆农的保护政策。这时，人们才慢慢提起了种植大豆的兴趣。农民们的坚持和劳作，让大豆在美国的农作物中占有了一席之地。但挑战还在继续。

美国人不喜欢它身上的豆腥味，所以不愿意食用大豆。不过，美国人喜欢吃肉，大豆又恰好拥有十分丰富的蛋白质，非常适合被制作成动物饲料。相当长的一段时间里，大豆成了美国的鸡、牛、猪和火鸡的"主食"。20世纪后期，美国得天独厚的优势帮助大豆进一步提升了地位。

大面积的平原为大规模的农业机械化种植提供了条件，先进的生物科技也让美国培育出了更高产的大豆新品种。此外，人们还发现，大豆对其他作物的种植很有帮助：将大豆、棉花和玉米轮作可以增加产量。这是为什么呢？

这得益于大豆的一个重要秘密。和许多其他植物在生长时只会吸收土壤中的养分不同，大豆反而能让土壤变得肥沃。

因为大豆可以和根瘤菌共生，而根瘤菌可以把空气中的氮转化为含氮化合物，供植物生长所需，同时肥沃土壤。

< 大豆根瘤

在大豆的种子发芽生根后，根瘤菌从大豆的根毛进入根部，寄生在大豆的根内，依靠大豆为它们提供的碳水化合物、水分等营养物质存活。与此同时，大豆的根部形成根瘤。在大豆开花结果的时候，每个根瘤就像一个微型氮肥厂，根瘤内的根瘤菌源源不断地把含氮化合物输送给大豆植株。

<机械化收割后，留在大豆田里的根、茎、叶

　　在大豆成熟后，它的根、茎、叶和合作伙伴根瘤菌都会把营养物质归还给土壤，不仅起到肥田的作用，还避免了使用化肥造成的环境污染。因此，大豆被人们称为"有良心的植物"。

现在，离大豆初到美国，已经过去了200多年。虽然它仍然是一种平凡无奇的植物，但由于诸多好处，大豆逐渐被大家接纳。美国的母亲河—密西西比河也给大豆的生长提供了十分优质的土壤。在美国，大豆的种植面积已经超过了玉米，成为美国主要的经济作物之一。

这种转变，不仅得益于美国豆农们世世代代、勤勤恳恳的劳作，更得益于科学的力量。

科学不仅帮助豆农们更新设备和技术，还帮助他们丰富了大豆的更多用途。

在无数个实验室里，大豆的潜力不断得到开发：豆奶、巧克力、面膜、屋顶、轮胎、新能源"生物柴油"、泡沫座椅、药品……

这些实验室的研究成果也离不开豆农们的支持，因为他们会将自己种植大豆所获得的一部分收入捐赠给实验室，让科学家们有足够的资金不断探寻大豆这颗"金豆子"的奥秘。

蜜蜂怎样成为破解世界性难题的功臣

和很多植物一样，大豆也需要通过开花，让雄蕊产生的花粉和雌蕊接触，进行受精，才能孕育后代。但和很多植物不同的是，大豆的受精过程在花朵开放之前就已经完成。

<大豆花朵的雄蕊和雌蕊

　　如果把大豆的花朵放大10～20倍，我们就会发现，它的雄蕊和雌蕊间的距离很近。雄蕊上的花粉粒距离雌蕊仅仅只有一步之遥。轻微的震动就能让花粉落到雌蕊上，从而完成受精。

　　在自然界中，它不需要依赖风或昆虫帮助传粉，靠自己的力量就能给自己受精。这种方式虽然看似稳妥，但却错过了结合不同植株中优势基因的机会。

如果可以让大豆两两结合，取长补短，尝试新的繁衍方式，应该就能诞生更优质的品种。这个想法，足以帮助大豆和人类探索未来。但实现起来谈何容易？

20世纪80年代，在大豆的故乡——中国，一个叫孙寰的人将这个想法付诸实践。他知道，大豆花朵的构造导致它非常容易接收到自己产生的花粉。所以，要想让它接受其他植株的花粉只有一个办法，那就是让它一粒花粉也不要产生。

在大自然中，这样与众不同的大豆植株肯定存在，但是它到底藏在哪里呢？孙寰相信，它一定就在中国。因为中国是大豆的故乡，也是全世界大豆品种数量最多的国家。

为了寻找不产生花粉的大豆，他广撒网。福建、湖南、浙江、江苏、吉林、河南……他的足迹覆盖了整个中国的大豆品种资源地。完全出乎孙寰预料的是，就在两年后，他在河南的大豆试验田里发现了雄性不育的苗头。希望来得太突

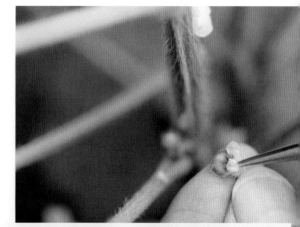

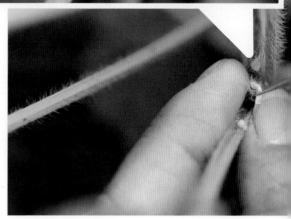

然，以至于孙寰自己都不敢相信。他对当时手下唯一的研究生，一位叫赵丽梅的女生说："小赵，咱们苦五年，五年就能看出这个东西是不是真的细胞质雄性不育了。"

1993年，孙寰和他的团队经历反反复复的试验，终于育成了世界上第一个大豆细胞质雄性不育系，这是大豆杂交的第一步。这一步，让大豆在中国有了一次重生的机会。但是，仅仅让花朵不产生花粉还不够，怎样将其他大豆植株的花粉授予雌蕊又成了关键问题。偏偏大豆的花粉非常少，而且还比较重，依靠风力根本不能完成传粉。而且它的花非常小，就算风能够传粉，它也接受不到花粉。

于是，他们不得不进行人工授粉的试验。

很快，他们发现，自己可能低估了人工授粉的难度。一个能够熟练对花朵进行人工授粉的工作人员，一天最多能完成200朵花，而且成功率仅有30% ~ 40%。因为大豆的花非常小，人在工作时，如果无意中碰到柱头，柱头受损就会导致授粉失败。但是无论怎么小心，大豆的杂交成活率仍然是那么低。

既然人工授粉不行，他们决定去找一位朋友来帮忙。

这位朋友就是蜜蜂。

早在白垩纪，蜜蜂的祖先就已经在地球上出现，和恐龙生活在同一个时代。曾经独霸一方的恐龙已经灭绝，而蜜蜂家族却生生不息，至今已经有1亿多年。

蜜蜂是很多开花植物的朋友。过去，蜜蜂和大豆错过了彼此。今天，它们能不能在人类的帮助下成为伙伴呢？

扫一扫，见证蜂王诞生

<王台

在这座王台的蜂房里，住着一只即将羽化的蜂王。工蜂们围在周围，恭候它的"降生"。

几小时后，蜂王像航天员出舱，从王台出房。

<蜂王

蜂王诞生了，它开始巡视自己的领地，而在它身边跟着无微不至的随从：一群专门负责蜂王的饮食，随时喂它吃蜂王浆；另一群随时给它清理身体。

蜜蜂有着令人类望尘莫及的群体组织协调性。小小的蜂巢就是一个被经营得井然有序的小世界。每一只蜜蜂都有非常明确的任务，各司其职。这个小世界中，一切生命所需的能量，都来自花朵产生的花蜜。这些蜜蜂赖以生存的花蜜又来自工蜂每日的辛苦采集。这些工蜂一起飞出，一起采蜜。它们的每一个行动都有自己严密的逻辑。

正是抓住这一点，孙寰和他的团队把蜜蜂请进了培育杂交大豆的网室，开始在蜜蜂的帮助下，进行传粉工作。这是一场大豆、蜜蜂和人类的共舞，更是一次有温度的合作。和人工授粉相比，这个工作由蜜蜂来做，结果完全不同。蜜蜂在采食花蜜的同时进行授粉，大豆不会受到任何损伤，而且授粉效率还特别高。吉林省公主岭市的范家屯杂交大豆核心育种基地，拥有200多个网室，每个网室培育一个杂交大豆品种。如果没有蜜蜂的加入，授粉工作的难度是不可想象的。

但是，大豆不可能永远生活在网室中。

如果大豆走出网室，生活在空旷的田野里，蜜蜂们有了

< 在网室里"干活"的蜜蜂

很多其他花朵可以采食花蜜，大豆和蜜蜂还能紧密合作吗？

在田野里，大豆的花朵显得过于低调。它的花不仅花蜜少，花粉和花香也少，对蜜蜂的吸引力不够。那么，用什么样的办法才能将蜜蜂吸引到大豆田里呢？

农业科学家把这个任务交给了研究昆虫的专家。

在吉林省养蜂科学研究所，葛凤晨和他的团队与蜜蜂打了40多年交道，在驯化蜜蜂为农作物授粉方面有着丰富的经验。但唯独驯化蜜蜂为杂交大豆授粉这项技术，是国内甚至国际都没有的。

2012年，经过十几年的努力，葛凤晨带领着他的团队终于研制出了一种引诱剂。多了这么一点小小的诱导，大豆身边就有了蜜蜂的陪伴。

授粉的动物里只有蜜蜂具有采蜜的专一性，而花也需要授粉者的忠诚。就这样，一种昆虫和一种植物在人们的帮助下，建立了亲密的关系。这种关系给杂交大豆从大棚网室走向大面积生产提供了一种可能。但其实，中国这片土地还给杂交大豆留着一份惊喜，只待人类和大豆来发现。

在新疆伊犁，高温、干旱、少雨的气候条件，很可能是大豆喜欢的生长环境。当杂交大豆来到这里的时候，这片土地对大豆的欢迎程度超出了科学家们的预期。

这里生长着很多的植物，但它们就像约好了一样，几乎都不与大豆同期开花，绝对不抢大豆的风头，帮助大豆顺利吸引了蜜蜂的注意力。

除了骆驼刺、苦豆子和草木犀等开花比大豆早的植物，

<骆驼刺

<苦豆子

<草木犀

向日葵也像和它们约好了一样，只在大豆花期过后才开花，绝不和大豆抢夺蜂源。在这里，大豆甚至不再需要依靠引诱剂的帮助留住蜜蜂。这些当地的植物和大豆一起，与蜜蜂建立起了一个和谐的世界。

因为蜜蜂、人类和大豆的合作，2018年，新疆伊犁大豆制种基地获得丰收；从2013年开始推广的东北千亩示范田也开始给农民带来可观的经济收益。大豆在中国用了几千年的时光，走进了人类的生活；在美国用了几十年的时间，走进了人类生活的方方面面。如今，大豆在它的"大本营"成功探索出了与人类合作的新方式。中国，是大豆的故乡，也是它们迈向未来的起点。目前，中国国家种质资源库中储藏了人工栽培大豆30 000多份，野生大豆9 000多份。

如果人类评选来自大地的英雄，大豆应该是入选者。它的入选理由是：它为了人类，用几千年时间学会勇敢站立；它为了人类，跋山涉水，远渡重洋；它有红、白、蓝等多种颜色的花朵；在它根部寄生的根瘤菌有强大的固氮作用，为自身和土壤提供了营养；它的种子，拥有丰富的蛋白质，牛、羊等动物受它滋养，人类更是离不开它。它用它的种子变换着多种形态哺育人类文明。它漂洋过海，成为一个民族的精神料理；它跨越大洲，成为人们心中的"金豆子"；它在故乡中国，又交到了新的朋友，与人类和蜜蜂共舞。它外表朴素，却是自然赐予人类的宝贵财富。它是豆科，蝶形花亚科，大豆属，大豆。

园林

"园"来你也在这里

在中国，已被认知的植物有35 000多种。其中，有3 000多种植物与山、水和建筑共同构建了人类的第二自然——园林。

这些植物的命运和中国园林文化的形成联系在了一起，成为中华文明的重要组成部分。同时，这些植物也伴随着中国园林文化，以不同的方式影响了世界的园林。英国"植物猎人"亨利·威尔逊甚至将中国比作"世界园林之母"。那么，这一切是如何发生的呢？

一颗千年莲子解锁的生命密码

1亿多年前，地球上遍布海洋、湖泊和沼泽，大多数种子植物还无法生存，但一种叫"荷花"的水生植物却在黄河、长江流域，以及北半球的沼泽、湖泊中撑起了亭亭的伞盖。它们是地球上最早出现的开花植物之一。

当时的荷花家族有12个成员，但在冰川期劫难之后，只有2个幸运儿存活下来，其中之一，就是今天人们熟悉的荷花。上亿年的生存经验，令它演化出在恶劣环境中生存下来的方法。秘密，就藏在它的种子里。

< 云南省普者黑·荷花伸出亭亭的伞盖

扫一扫，观察1 000多岁的莲子

<莲子

这是一颗莲子。经碳-14年代测定证实，它的年龄已经超过1 000岁。

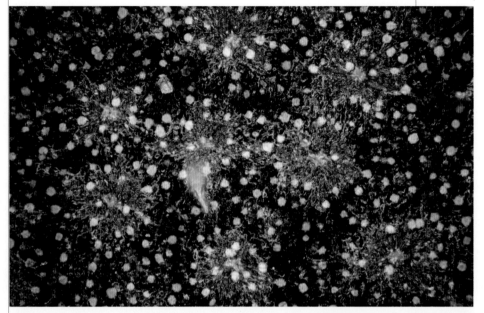

<显微镜下放大20倍·莲子的外果皮

　　在显微镜下放大20倍，可以看到它外果皮上一个个原本张开的气孔，在地下埋藏的1000年间，全部关闭了。

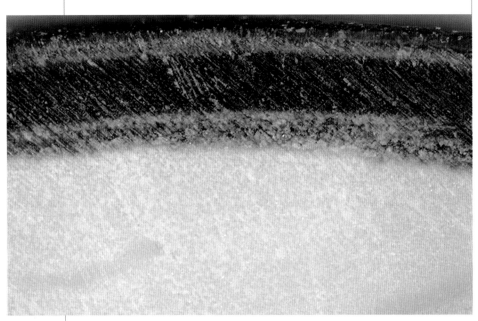

<莲子果皮剖面图

　　色泽分明、坚硬致密的层状组织，构成了莲子的果皮，隔绝了种子内部与外界的一切接触，形成了一个"密封舱"。

　　它的核心任务，就是保护内部小小的"胎儿"。它阻挡了微生物入侵和种子内外空气、水分的交换，把能量和养分牢牢锁在莲子内部。

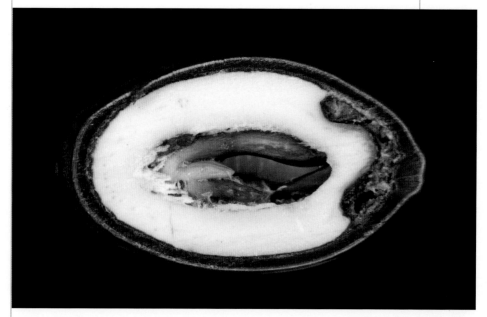

< 被保护在莲子内部的"胎儿"

　　任凭外面的世界风云变幻，在稳定的内部环境中，荷花的孩子都不必为生存而担忧。

　　它在等待，等待一个合适的环境，等待一个破"壳"而出的时机。

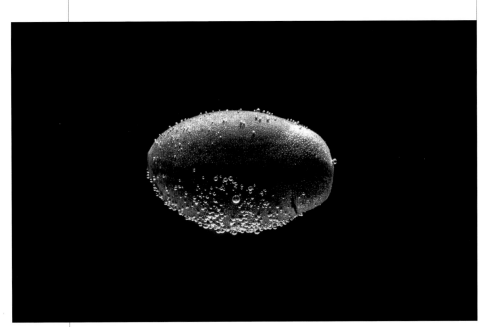

科学家们小心翼翼地磨开它坚硬的黑色果皮，将它浸泡在水中。

这种将莲子从沉睡中唤醒的方式，曾在1400多年前贾思勰的《齐民要术》里有过记载。

扫一扫，唤醒沉睡千年的莲子

<莲子发芽了

当种子的"密封舱"打开，新鲜的水和空气涌入，沉睡了上千年的生命被唤醒了。

<浮在水面的嫩叶

新生的嫩叶太娇小，还没有足够的力量站起来，只能浮在水上。

 花苞

初夏，花苞从莲叶间探出头来，准备繁衍新的生命。通常情况下，它有3～5天的时间，来完成这项重要的任务。

清晨，花瓣迎着阳光绽开。花瓣里露出的花托上是一个个等待的柱头，这是繁衍后代的关键部位。

< 花托

微风和昆虫带走雄蕊上的花粉，花粉落到雌蕊的柱头上，然后完成受精。

为了孕育尽可能多的种子，荷花必须坚持到开放的最后一天。所以午间时分，它的花瓣会缓缓收拢，将花托保护起来。

扫一扫，让荷花绽放

<绽放的花朵

在繁衍的过程中，荷花还要经受各种各样的考验，狂风、暴雨或者水中鱼儿的突袭都有可能让它前功尽弃。等到了最后一天，它会拼尽全力，毫无保留地绽放。

之后，花瓣将不再消耗养分和能量，从最外面开始一片片脱落，只留下花托。

<花托上的柱头

　　嫩黄色的花托上，当柱头全部变成深色，柱头的任务圆满结束。

< 莲蓬

完成受精的花托膨大起来，变成莲蓬。接下来，是全心全意的"育儿"时间。

<住在莲蓬小室内的莲子

莲子在莲蓬提供的小室中慢慢成熟。

偶尔，尚未发育出黑色果皮的莲子掉落水中，水和泥浆里的养分给予它完美的生存条件。

不需要盔甲的保护，新的生命也能在泥浆里自然生长，但这样自然发芽的概率是有限的。

营养丰富的莲子，被中国人视为一种美食。人们开始大量种植荷花。正是在与荷花打交道的过程中，这株古老的植物打动了人类渴求美的眼睛。

中国人对荷花充满敬意，因为它具有洁净的美感。这来源于它特殊的构造。用显微镜观察，荷叶的表面密布着一个个晶莹的凸起。这些以微米为单位的小小乳突，就像一座座小山峰，阻隔水的渗入。

当水滴落在荷叶上时，就会自动滚落，顺便带走叶面上细小的尘埃，确保叶面上的气孔可以自由呼吸。荷花花瓣的外层也有着与荷叶相似的构造，以保护花瓣内的繁殖器官。

荷花对水和污染的拒绝是彻底的。

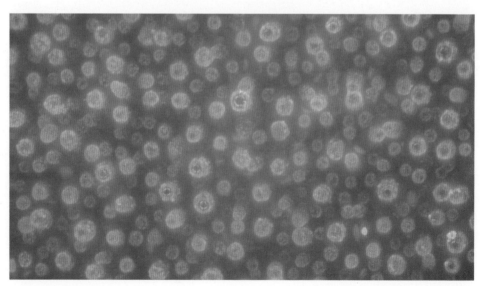

< 显微镜下观察到的荷叶表面乳突

< 荷花表面构造对水的阻隔

< 荷叶表面构造对水的阻隔

荷花生在水中，但它却是"防水"的。在荷花身上，寄托了中国人对纯洁人格的向往。

"出淤泥而不染"出自宋代文人周敦颐著名的《爱莲说》，但他不是第一个这样形容荷花的人。在周敦颐创作《爱莲说》的大约1000年前，佛教传入了中国。

在佛教传说中，西方极乐世界生满莲花，它们在淤泥中诞生，却依旧纯净清洁，不染尘埃。在佛教中，尘埃代表着世间的烦恼。借由莲花的特性，佛教希望打破人们对烦恼的执念，将心灵引向一个洁净、深远的境界。

在佛教的诞生地，莲，同时指代睡莲与荷花。当佛教在中国发展壮大后，这种与中国人最亲近的水生植物，自然而然地成了洁净的最佳代名词。一朵荷花，一个庄严的世界。

大约1500年以前，东晋的慧远大师，在江西庐山脚下的东林寺中，种下了荷花。

中国人对荷花的喜爱，已经持续了几千年。

离开东林寺，我们还拜访了一位一辈子都在研究荷花的老人——张行言。

如今90多岁的老人家，毕生致力于荷花栽培、荷花品种研究。在这位老人家的手里，在无数荷花科研工作者的手里，这种从远古走来的植物呈现出前所未有的丰富和美丽。

作为中国分布地域最广的花卉之一，荷花凭一己之力，在每一个炎热的夏季，占据了园林的中心水域。园林无水不灵，而有水无荷则不成景。它被中国的造园家称为"湖水的眼睛"。大江南北，几乎有静水的地方，便有荷花摇曳的身影。

小小的兰花靠什么在园林中占据一席之地

如果说荷花统治了园林的水域，那么，一种开有芳香小花的草本植物，则是中国文人的雅室中不可或缺的装点。它就是兰花。它的叶片纤长，花朵素淡，被称为"国兰"。

地球上的兰科植物，种类多达20 000～30 000种，是地球上成员最多的植物家族之一。但是，比起那些灿烂的"远房亲戚"，中国园林中的兰花显得极为内敛。

中国的文人们，格外珍爱这片土地上孕育出的兰花。即使不是花期，在屋角厅堂、案头书柜，都要摆上一盆兰。这种外貌平凡的植物，靠什么在园林中牢牢占据一席之地呢？

在浙江兰溪，潮湿幽深的阔叶森林是兰花生存了千万年

< 兰花

的老家。遮天蔽日的乔木遮挡了阳光的直射，充足的雨水保证了湿度，微酸的土壤布满腐朽的枯木。这里成了各类真菌的天堂，也成了与真菌共生的兰花的天堂。

在中国，兰花原本是山间常见的植物，只不过野生的兰花不开花时，和周围的杂草融为一体，不容易被发现。或许兰花的外貌并不出众，但许多兰花开花时会散发出阵阵幽香。对兰花来说，散发香味只是一种吸引昆虫为它传粉的策略，但这样的香味也俘获了人类。兰花在中国文化中深厚寓意的形成除了与它的香气有关外，还和它生长的环境密切相关。生在幽静的森林空谷，兰花却不以无人欣赏而不芳。在中国文人看来，这是一种不向外界寻求认同的独立精神。他们认为，兰花是一种修身养性的植物。

中国栽培兰花已有2 000多年的历史。据记载，春秋末期，越王勾践或已在浙江绍兴的兰渚山种兰。唐代时，兰花已从幽深的空谷正式被引入文人的庭院。离开了能够让它恣意生长的森林，兰花被移植在花盆内，粗壮而又庞杂的根系

< 春兰

<建兰

也就失去了自由生长的空间。为了让它存活并且长叶开花，人们必须使出浑身解数，复原它千万年来在演化中已经完全适应的生境。在人类精妙的安排下，花盆成了兰花的第二自然，也成了一个微缩版的山野森林，占据了人们的屋角厅堂、案头书柜。在中国文人近距离的端详和刻画中，兰花跃升上了更大的文化舞台。在人们眼里，兰花的叶子素静、流畅、飘逸，充满了中国古典艺术之美。在宋朝，以兰花为题材的画作大量出现。兰叶淡雅极简的几何美感，恰好契合了当时的审美。

　　宋朝是文人的时代，也是将人们对植物的喜好上升到道德范畴的时代。在兰花中，他们看到的是个人修为的最高境界：无论是否有人欣赏，都要保持独立的精神和纯洁的品格。

　　3 000多年前，"兰"这个字首次出现在文字记载中，泛指所有芳香的草本植物。但当它引起文人们的共情，这个象征着高雅和美好的字，从此被特指给了这株小小的兰花。

中国人是怎样定义梅的

人类与植物的相遇，有着各种不同的契机。食用功能，是人对植物最原始的需求。人和梅树，就是因为它的果实而结缘。

在至少7 000年前，中国人就开始食用梅子。他们将梅子当作一种调味品，作用相当于今天的醋。如今，人们将梅子和酒浸泡，制成美味的梅子酒。

它给人们提供味觉和视觉的双重享受，也带来季节如期而至的喜悦。至于这种植物是怎样完成从食材到观赏性植物的转身，人们对此已无从考证。

不过根据记载，最迟在汉代，皇家的庭园中已有梅树栽种。但那只是梅初露头角的时期。在中国古代艺术抵达巅峰的宋朝，一位诗人在西子湖畔写下了咏梅名句"疏影横斜水清浅，暗香浮动月黄昏"。这位诗人终生未娶，隐居在西子湖畔种植梅花。有人说，他将梅花当作了妻子。他就是诗人林逋。今天，在他长眠的地方，他平生挚爱的梅花已经在这里静静地陪伴了他近千年。

<含苞待放的梅花

　　漫长的冬季即将结束，冰雪尚未融化，梅花却
已经做好了准备。寒冷不能阻挡它的脚步，能使它
开花的气温，比大多数植物需求的都要低。当百花
还在沉睡时，梅花已经在寒冷中绽放。人们看到象
征着坚韧的花朵在枝头绽放。于是，梅，成了"凌
霜傲雪"的梅。

范成大在《梅谱》中说："学圃之士，必先种梅。"梅，最迟在宋代就已经进入中国的私人园林。在园林中种植梅花，也成为一种不屈的精神宣告。

借由庞大的文人阶层对梅花风骨的推崇，它完成了一次文化的跃升，人们对梅的喜爱也扩散到更多的层面。很快，人们发现了它另一项坚韧的特质。

梅树的树干相对容易遭到虫蚁的啃咬，也容易被潮湿的空气腐蚀。树龄100年以上的梅树，大多都逃不过空心的命运。但和大多数乔木一样，梅树的树皮承担了输送养分的责任，只要树皮完好，即使树心空了，也能不断地运送水和养分。于是，在维持生存的同时，还造就出空心老梅、古木新枝的奇景。

< 这棵600多岁的老梅树依旧年年开花结果

这引起了人类的崇拜，也激发了一项极端艺术的创造。

在苏州光福村，一些只有十几年树龄的梅树注定等不到自然变老的那一天了。因为它们要为一项叫"劈梅"的艺术献身。

劈梅，是苏州人发明的梅桩盆景，就是将选中的梅树砍去上半部分，留下梅桩，再从中间劈成两半，然后栽种到花盆里，最后将1～2岁的梅花枝条嫁接上去。就这样，凭借人的力量，营造出"古木发新枝"的自然奇观。

在整个过程中，梅是活着的。

植物的嫁接，如同一场大型的器官移植手术，而且整套工序必须在几分钟内完成。因为创口在空气中暴露的时间越短，水分流失越少，嫁接的成活率才会越高。

小树的枝条被移植到大树身上，幼小与成熟完成了一次生命的对接。接下来的日子，就是它们进行融合与修复的时间。它们必须凭借自己的力量活下去。顺利的情况下，负责吸收水分的梅桩和负责吸收阳光的小树枝条，将通过合作，在第二年的春天，以新的姿态，绽放出花朵。

< 劈梅

劈梅是苏州园林的宠儿。园林的古韵和梅花的清雅相得益彰。一段枯木上开出星星点点的梅花，这就是劈梅所营造的枯荣相对的艺术之美。或许，自然的轮回和生命的顽强，就是劈梅盆景的审美源头，它促使人们在方寸之间来赞美这种向死而生的坚韧。

中国人钟情于早开的花朵，也迷恋不死的枯枝。这个历史上饱受苦难的人们和一种乔木产生了共鸣。坚韧、顽强和勇敢，不仅是中国文化对梅花写下的注脚，也是中国人对自身的定义。

我花开后百花杀

秋天，群芳斗艳的季节已经过去，园林里的大部分植物开始进入冬季的休眠。

秋日的园林舞台，即将迎来新的主角——菊花。

大约在2 000年前，菊花出现在中国的庭园中。究竟是什么魅力，让这种草本植物在中国的园林中占据一席之地呢？

人类与菊花第一次相遇的时间已无从考证，但可以确定，最早种植菊花的，是中国人。最初，它是季节的指示，指导着农业的耕作，是秋天的象征。当来到皇家的园林，它获得了更加尊贵的地位。据史料记载，自明代起，北京北海公园就是专为皇家培育菊花的地方。如今，这里有个极负盛名的"菊花班"，养菊手艺传承自旧时宫廷。今天，第四代手艺传人刘展带领一批年轻人，只种植菊花这一种植物。

他们保留下来的许多古老品种，就是几个世纪以前，在这座皇家园林中绽放的菊花。《周礼》中载："后服鞠衣，其色黄也。"皇家喜爱菊花，一开始是因为它最常见的一种颜色。而在中国的农耕文明中，黄色代表土地。因此，在皇家园林里，菊花象征着国家社稷。

在日本，这种来自中国的花卉，也受到了日本皇室的钟爱。在这里，天皇被视为"天照大神"——太阳神的子孙。而菊花的形状，就像一颗放射着光芒的太阳。今天，它成了日本的国徽。

< 菊花

<菊科菊属的野生植物

　　灿烂的金黄色，是菊花最常见的颜色。但黄色，不是菊花唯一的选择。今天人们在园林中观赏的菊花，是经过不断杂交后诞生的品种。

　　这些黄色的小花生长在山野间，皇家园林中富贵的金黄色，相当多的基因就源自于这种纤小的花朵。它们是菊花的祖先，一种菊科菊属的野生植物。

在中国，有17种菊属植物。复杂而广泛的自然杂交赋予了菊花变幻莫测的个性。当人类介入了这个过程，菊花的品种得到了爆发式的增长。

人们今天看到的菊花，它们的基因已经过了一代代的选择和重组。为了得到一个全新的品种，人们在秋天挑选出父本和母本，进行人工杂交。收获的种子种下后，还需要一整年的等待和守候，才能看到最终的结果。不过，这一切的付出都是值得的。菊花从来不让人类失望，到了秋天，它一准开花。

菊花复杂多变的基因，激发了人类无限的想象力和创造欲。在这种植物面前，人是完完全全的创造者，喜爱新鲜的本性得到了满足。为了秋日园林的灿烂，无数像菊艺大师叶家良这样的人，源源不断地创造着千姿百态的菊花新品种。而菊花，借助人的力量，也壮大了自己的家族，成为中国园林中最重要的花卉之一，成功地征服了更广阔的舞台。

今天，菊花的品种数量之多，变异形态之丰富，为世界栽培植物之最。在世界鲜切花市场上，它是四大主要花卉之一。全球的菊花品种有20 000 ～ 30 000种。这个数字，还在年年增长。它从秋季的田埂边，进入高雅的宫廷和文人的庭院，又凭借变化的力量，走向大众，走向世界。

公元6 ～ 7世纪，中国的菊花传入日本；在17 ～ 18世纪，菊花传入欧洲；19世纪，英国"植物猎人"罗伯特·福琼把更多的菊花品种从中国带到了欧洲，令这株庭园之花，在欧洲的花园大放异彩。

< 菊花千姿百态的美

谁成就了世界园林

在今天的世界花园里，中国植物的身影越来越多。

在近一两百年的时间里，来自世界各地的狂热"植物谜"，不远万里来到中国，不惜代价，寻找并带走中国植物。这些植物在世界各地落地生根。英国"植物猎人"亨利·威尔逊甚至将中国比作"世界园林之母"。他曾在书中写道：我们的园林深深受惠于中国所提供的植物。走向世界的不仅是植物本身，中国人的造园思想也随着植物的传播，以不同的方式影响了全世界的园林。

在欧洲，数个世纪以来，人们将园林视作对自然的征服。但从东方归来的探险家们却带回了不同的信息：在中国，园林之美是一种对自然风光若即若离的模仿。因此，园林中植物的形态，也更接近自然。受到这股东方思潮的影响，18世纪，英国的园林率先挣脱了桎梏，将植物从人工修剪成的规则形状中解放出来。于是，英国风景式园林诞生了，它迅速席卷欧美，并成为现代公园的雏形。

在日本，对园林的理解，对植物的塑造，也不可避免地受到了中国的影响。公元7世纪起，从中国传入的植物和诗文，引发了日本人在庭园中栽树赏花的浪潮。在植物中寻找艺术价值的同时，日本人也不断更新着他们的庭园。其中一个首要特征，就是模仿中国的江南园林。位于东京市中心的小石川后乐园，用来自中国的竹子、梅花、荷花等植物，配上湖山亭台，构建了一座洋溢着"中国趣味"的日本园林。它也被日本人称为"小西湖"。

西湖，是日本园林中一种特殊的灵感来源。在这个国家，保存

扫一扫，了解西湖对日本园林的影响

着多个模仿西湖景致所建的园林。而在中国，被世界所憧憬的西湖，植物与人的和谐共生，已经持续了1 000多年。

西湖——这座古老的大型公共园林，坐落于杭州这个繁华都市的中心。它是开放而灵动的城市山林。湖光山色之间，植物描绘出了另一种自然。这里是3 000多种植物的家园，它们共同丰富了西湖的景观空间。文人园林、寺庙园林、皇家园林，以及各种形态的现代园林，在这里互相呼应，又互不干扰。

在这里，植物们讲述着它们各自的故事。

从唐代第一次大规模治理以来，西湖经历了多个朝代的更迭，12个世纪的时光流逝。一代代植物，面临过危机，见证过历史，也承载着璀璨的文化。这里曾启发了中国历史上无数的艺术创作，古人用数不胜数的诗词名句描写、赞美这里的植物。

诗人们是幸运的，他们在这里遇见了荷花，遇见了梅花，遇见了杨柳，遇见了枫树；植物们也是幸运的，它们在这里遇见了白居易、苏轼、林逋、杨万里、柳永……植物与诗歌、与艺术，在这里交相辉映，共同繁盛。生活在这片山水间的人也是幸运的。

植物之美，启迪了璀璨的文化。而这些珍贵的文化遗产，滋养着世世代代的中国人。今天，当人们漫步西湖，或者任何一座中国的园林，看到的一棵树、一朵花，也许都承载着一种使命：它们抚慰人的心灵，培养人的品格，提升民族的审美，塑造文明的形态……园林，是植物的天堂，是艺术的摇篮，是人类文明发展史上的结晶与坐标。过去的几千年里，有数千种园林植物，从中国35 000多种已知的植物中脱颖而出，走进人类的家园。未来，或许还将有新的植物进入园林，再一次丰富人类的第二自然。

花卉

就是要你眼"花"缭乱

在中国已知的35 000多种植物中，大概有30 000种开花。在开花的约30 000种植物中，又有超过1 500种被人类栽培，用来观赏。在植物眼中，花是繁衍的器官；在昆虫眼中，花是食物的来源；在人类眼中，花是美的象征。花，撬动人们的审美，传递人们的情感，点亮人们的视野，也融入了各种美的想象。这些改变了世界的"精灵"们，最初又是怎样进入人类视野的呢？

为什么大树杜鹃会被"猎杀"

青藏高原南部高黎贡山，这里有着"世界物种基因库"的美称。在这里，生命间的竞争和博弈是残酷的，也是永恒的。密林深处的世界，即使是看似被动、沉默的植物，也需要厮杀。在这里，有一种植物在不断演化中超越了自身的极限，在竞争激烈的森林中占据了一席之地，成为众多科学家眼中的传奇。它，就是大树杜鹃。

大树杜鹃是翘首杜鹃的变种，比普通杜鹃高大。通常八九米高的杜鹃树已经很少见了，但高黎贡山的大树杜鹃却远远超过这样的高度，可达25米以上。它创造了杜鹃花的高度记录，成为森林顶层树种。

< 大树杜鹃

<大树杜鹃的蒴果

　　这是大树杜鹃去年结的蒴果，蒴果里的种子都
各自踏上了旅程，去寻找适合它们繁衍生息的家园。
假如它们落在附近的草丛里，是没法发芽的，只有
偶然落到竞争不是很激烈的地方，才能发芽生长。

<大树杜鹃的小苗

这颗大树杜鹃的种子是幸运的。在这块腐朽的树干上，有足够的养分和相对友善的邻居，这里是它最好的栖身地。在这里，它不仅顺利萌发，还长成了一株小苗。但不是所有的种子和小苗都这么幸运。

一颗大树杜鹃的种子就落到了植物王国的小矮人——地钱的领地里。

<生长在地钱中的大树杜鹃小苗

　　地钱密集的假根紧紧地抓附在地面上，吸收并
贮藏水分，营造出潮湿的环境，大大有利于大树杜
鹃种子的萌发。但是，当大树杜鹃长成小苗后，情
况发生了改变。因为这里是生命的竞技场，每个生
命体都需要竭尽全力拓展生存空间。地钱通过散播
孢子来繁衍，这让它在竞争中占尽优势。

<地钱的孢子囊

　　这就是地钱的孢子囊，里面住着数量庞大的孢子。它们有着顽强的生命力，可以在几天内迅速萌发，占领生存空间。如果杜鹃小苗不能及时长高，就会在地钱的包围中枯萎、腐烂，最终变成地钱的肥料。只有摆脱地钱的纠缠，杜鹃小苗才能继续自己的征程。可是，残酷的竞争才刚刚开始。

<"少年期"的大树杜鹃

　　这是一棵进入"少年期"的大树杜鹃，是万里挑一的佼佼者。但它还需要向上生长20多米，才能成熟、开花。或者说，它还需要几十年，甚至上百年的坚持，才能跻身森林的顶层。高黎贡山的这片大树杜鹃能够打破杜鹃树生长高度的极限，跻身森林的顶层，正是不断竞争与博弈的结果，是植物生存欲望的体现，也是千百万年来生物演化的物证。

当大树杜鹃"成年"的时候，就会迎来一个重要时刻，之前所有的积累、挣扎和博弈，都是为了这一刻——它要开花了。

在人类眼中，这是它最美的时刻，但对大树杜鹃来说，却是它最紧张的时刻。因为只有完成授粉，完成繁衍的任务，花才算完成了它的使命。大树杜鹃绽放的花朵里有香甜的花蜜，这是它为传粉者准备的奖赏。不过大树杜鹃通常是在早春开花，这时气温偏低，并不容易见到蜜蜂、蝴蝶、飞蛾等传粉使者的身影。那么，盛开在25米高度以上的花朵，究竟为谁开放呢？答案是丽色奇鹛。

在享受大树杜鹃香甜的花蜜时，丽色奇鹛脖子上的羽毛会带走一部分花粉，帮助大树杜鹃完成授粉。不久，蒴果又将挂满大树杜鹃的枝头，种子也将再次启程。这就是大树杜鹃经过上百年的坚持，从一粒芝麻大小的种子成长为参天大树的传奇。即使身处莽莽大山的深处，这样的传奇也终于因为人类的到来，被世界认识并铭记。

在英国爱丁堡皇家植物园的档案馆里，收藏着一份大树杜鹃树干断面的标本。它是"植物猎人"乔治·福雷斯特在1931年最后一次中国探险中砍伐的。大约100年前，福雷斯特为了采集植物，在中国云南进行了7次考察，共采集了30 000多份植物标本，仅杜鹃就收集了400多种。其中，高黎贡山

<丽色奇鹛在帮大树杜鹃传粉

<大树杜鹃树干断面标本

的大树杜鹃尤其让他着迷。

为了向世界展示他的发现，欣喜若狂的福雷斯特雇来山民将一棵高25米、树龄280年的大树杜鹃砍倒，并将树干锯成圆盘，制作成标本，并把标本和众多杜鹃种子一起带回了英国。福雷斯特在日记中这样写道：我还是偏爱"大树杜鹃"的叫法，因为这才是最合适它的名字。它真的很大……

然而在福雷斯特发现大树杜鹃之后很久，都没有人再见过这种神奇的植物。直到半个多世纪后，中国植物学家重新开始寻找大树杜鹃，最终，在高黎贡山发现了它们。他们甚至见到了一棵更为巨大的大树杜鹃，它树高27米，树龄约800年，是当时有记载的最大的大树杜鹃，堪称"大树杜鹃王"。今天，中国的大树杜鹃仅存千余株，几乎全部分布在高黎贡山大河头一带的山林中，被尊为高黎贡山的"镇山之宝"。

从19世纪中后期开始，大量的中国杜鹃花被引种到西方。它们因为鲜亮的颜色备受青睐，从而改变了欧洲园林植物的栽培格局。于是，在西方有了"无杜鹃，不成园"的说法。

虽然花不是为人类开放的，但当人类认识到花为了绽放所付出的努力以后，生命与生命之间的距离就开始缩短。花也就成为人类心中美和生命的象征。从此，它与人类的命运也就交织在了一起。

高原上的绿绒蒿家族

每年的五月中下旬，是英国最好的赏花时节之一。伦敦，也迎来了一年一度的切尔西花展。作为世界上最引人瞩目的花卉展之一，在这里总能见到令人惊奇的植物。展台上，有一种花格外引人注目。它们有的开着蓝色的花朵，有的开着白色的花朵，还有的开着红色的花朵。在这里，它们被称为"喜马拉雅蓝罂粟"。它们来自中国，都是绿绒蒿亚属植物。

在四川巴朗山，我们见到了其中一种。它因为红色的花朵，被植物学家命名为"红花绿绒蒿"。100多年前，红花绿绒蒿就是在这里遇到了"植物猎人"威尔逊。

根据现代科学的研究成果，绿绒蒿亚属植物是高原地区特有的；绝大多数种类的绿绒蒿分布在中国境内，而且是中

< 长叶绿绒蒿

扫一扫，让绿绒蒿在高原绽放

< 红花绿绒蒿

国特有的。

中国青藏高原东南部的横断山脉是世界上绿绒蒿分布最集中的地区，这里几乎每年都有绿绒蒿新种被发现。但是，这里靠近生命的禁区，绿绒蒿要在这里完成繁衍后代的使命，是一件充满挑战的事情。

除了忍受流石滩的寒冷和紫外线带来的伤害，如果还能避免滑坡和其他生物的伤害，这里的绿绒蒿小苗也许就能够度过一个安稳的童年。从萌发到开花，绿绒蒿最长甚至需要10年以上的积累和等待。多数绿绒蒿一生只开一次花，所以即使已经做好了开花准备它们也不会轻易开花，毕竟流石滩上的气候变化太过频繁。面对高原气候的变化无常，这里的每一种植物都有保护自己的方式。在这里，低着头的绿绒蒿并不少见，对它们来说，这是一种防守的姿态，目的是保护花粉。接下来它们需要想办法把花粉传播出去。很多绿绒蒿并不生产花蜜，也不散发香味，但它们有自己吸引传粉昆虫到来的方式。

< 秀丽绿绒蒿

< 总状绿绒蒿

< 全缘叶绿绒蒿

绿绒蒿花朵内部的温度通常高于外界。在寒冷的高原区域，花朵成为很多传粉昆虫的庇护所。同时，这些昆虫也就成为绿绒蒿最忠实的花粉传送者。

当植株顶端的花朵完成授粉后，绿绒蒿并不急着凋谢。它们会尽量延长绽放的时间，努力为后来开放的花朵吸引更多昆虫的注意，从而帮助整株植物完成授粉。

完成授粉的绿绒蒿，它的花瓣和雄蕊会失去原有的颜色，只有中间绿色的、被绒刺保卫的子房显得生机勃勃。那是它开始孕育新的生命了。直到种子们成熟，离开母亲怀抱的时候，绿绒蒿才算真正地走完了一生。

绿绒蒿能够适应高原的严苛环境，但让它们在人类的花园中定居，却并不是一件容易的事情。目前人工栽培的绿绒蒿大多在专业机构的苗圃中。即便是这样，它们依然容易死亡。

人工栽培绿绒蒿充满了挑战，但人们想把美留在身边的决心也同样不能低估。

人们不顾艰险，接近这种植物，甚至对它们原产地的各种条件进行研究，就是希望把这种美留在身边。花卉吸引了人类的视线，也或多或少地改变了人类社会发展与变迁的轨迹。

作为开花植物欲望象征的器官，花不断开放，不断凋谢。为了留住与花相遇的美好，人类的创造力也因此迸发。为了了解这些神奇的植物而付出的努力，也让人类收获了科学的发展。人与花，就这样在荒野中相遇，在科学中相知。随着人类的发展，越来越多的植物因为它们诱人的花朵，被改变了命运。

是什么让牡丹突破了200米的极限

在中国雅鲁藏布江两岸栖息着一种花卉植物的野生种群。它是栽培牡丹的近亲，也是少有的具有黄色花朵基因的野生牡丹。在当地，它有个美丽的名字——大花黄牡丹。

大多数时候，大花黄牡丹的种子会就近跌落，以便萌发时让母株为它们遮风挡雨。但是，这也恰恰限制了它们的未来。有时候，让昆虫们饱餐一顿往往是种子最终的归宿。这种损失，大花黄牡丹还能够承受，它可以选择消耗更多的能量，生产更多的种子，去争取更大的生存概率。

就这样，大花黄牡丹在大自然的法则中，一粒种子一粒种子地向外拓展着种群的生存范围，不知道经历了多久。但时至今日，它们最大的生长区域，直径依然没有超过200米。

直到人类到来，才将它们带出了大山。人工栽培的牡

< 大花黄牡丹

丹，形态与野生牡丹不同。它们更加符合人类的审美：花型硕大、花瓣繁复、颜色艳丽。

它们不需要考虑过大的花朵会消耗太多的养分，可以在人类的照料下恣意地绽放。

正因为这样，牡丹才有机会成为"花中之王"，也才有机会走进《诗经》，走进北齐画家杨子华的画，走进隋炀帝在洛阳建设的西苑，走进李白、刘禹锡的诗作。

在唐朝，长安的牡丹得到了飞速发展，甚至出现了专门种植牡丹的花师。

据说，是日本的空海法师将牡丹引入日本并在寺庙院落中种植，后来才使牡丹扩散到日本民间。

而欧洲人发现牡丹，却是通过中国瓷器和刺绣上的图案。牡丹真正出现在欧洲，是在18世纪。1787年，英国"植物猎人"约瑟夫·班克斯在伦敦种植牡丹。

1840年，英国探险家又从中国带回了24个牡丹品种。

在后来长期的培育中，欧洲有了自己的牡丹品种，最著名有"伊丽莎白女王""公爵夫人"等。

大约在19世纪初期，美国也引种了牡丹。花卉生存的边界因为人类的喜好被拓展，人类的世界也因为花卉的绽放变得缤纷多彩。

中国超过1500种的观赏花卉，都是这样走进人类生活，并且不断深入的。因为人类社会的发展，人与花的关系也进入了新的阶段。

月季就是其中的代表。

< 人工栽培牡丹

人类无法改变的植物本能反应

原产中国的月季，已有2 000多年的栽培历史。相传，在神农时代，人们就把野月季采回家栽培。到了汉代，大量栽培月季进入宫廷花园，唐代时则更为普遍。18世纪，中国的月季抵达欧洲。这些漂洋过海的月季，一年中多次开花的属性、绚烂的色彩以及香甜的气味，不仅点燃了欧洲人培育月季的狂热情绪，也改变了欧洲的花园。

在欧洲，月季与工业革命、资本主义和商品经济相遇，迎来了它改变世界的契机。花卉成为商品，形成了庞大的产业，花的自然属性也开始被人类的商业需求重新定义。

< 人工栽培月季

其实，花作为种子植物繁殖的器官，它们非常"在意"自己在传粉昆虫眼中的颜色。没有色彩前，植物更多依靠自己完成繁衍生息的使命。色彩的出现，让植物的生存策略有了极大的改变，尤其是人类被花的色彩吸引之后。现在，借助特殊的拍摄手法，我们可以呈现出这些花朵在蜜蜂眼中的颜色。花朵中间深色的区域，就是在告诉蜜蜂花蜜的位置。人对颜色的感知和蜜蜂不同，人眼中的花更加绚丽。

扫一扫，观察花朵在蜜蜂眼中的色彩

△ 花朵在人类眼中的颜色

△ 借助特殊的拍摄手法呈现花朵在蜜蜂眼中的颜色

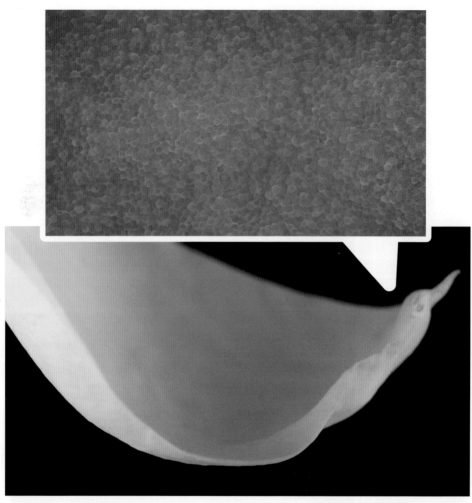

<光学显微镜下放大20倍·黄月季花瓣

<光学显微镜下放大20倍·红月季花瓣

当人类的需求成为首要条件后，花卉的颜色被赋予了新的意义。目前，人类可以依照自己的喜好，对花的颜色、形状和香味等属性进行调整。在很多时候，花让人们觉得自己掌握了生命的奥秘，可以决定植物的命运。但是，植物仍有很多本能的反应，是人们无法完全改变的。在中国，每10支月季里就有6～8支产自云南。在云南，这里的月季以百万的数量单位被进行买卖。能够在合适的时间绽放的月季，将改变很多人的生活。然而，突然的降温让所有的植物、所有的人都猝不及防。月季的身上，出现了泛红的叶子。这些泛红的叶子是月季新长出来的。如果是在营养积累的阶段，这是一件好事，但这个时候长叶，却是花农不愿意看到的情况。这种现象是月季对环境变化而产生的反应。

当气温突然变冷时，它选择长出新的叶片来获取更多能量，以抵御低温伤害，而不是消耗能量去开花。这是它无法被人类改变的求生本能。虽然人类会想尽办法为它提供最好的生存条件，但关键时候，月季更相信自己的判断。为了在降温中保护自己，很多月季没有在人类期许的时间开花，只有少数没有受到低温袭击的月季按时开放。物以稀为贵，这让人们对花的价格多了一些憧憬。花的自然属性与人类的创造力共同造就了花卉市场。

在云南，鲜花经过拍卖交易，销往世界各地。在这里，花的一切生命体征都被量化，成为影响交易价格的决定因素。即使是在生存抗争中留下的疤痕也被量化，成为人们设定价格的标准。量化的植物数据在屏幕上显示出来，被人类接收、识别、判断，转化成人类手部的各种动作。带有不同标签的花卉，将被送往各个地方人们的手中。

< 月季新长出的叶子

< 昆明国际花卉拍卖交易中心

开花植物生命中最关键的一步是什么

端午花、一丈红、栽秧花、麻杆花、斗篷花……这种被中国不同地域的人用不同的名字来称呼的植物，它的学名是蜀葵，原产于包括中国四川在内的西南地区。在众多产自中国的花卉中，蜀葵是最早被引种到西方的花卉之一。

自从古老的丝绸之路开启后，蜀葵又被许多人誉为"丝路之花"。它比中国的菊花、牡丹、茶花、月季、杜鹃等花卉传入西方的时间早了两三个世纪。

大概在古罗马时期，西方人就开始种植并观赏蜀葵。最直接的证据是当时的画作中已经出现了蜀葵。早期的欧洲艺术作品中，更是屡屡见到蜀葵的身影。可见，花的美是跨越地域、种族和文明的。花不仅被认为是美丽的化身，还被赋予了人类的情感。但是在古代，人类自身的迁徙都很艰难，蜀葵凭什么能跨越山河大海，绽放在陌生的土地上呢？

< 蜀葵

在人们眼中，蜀葵较大的花朵、挺立的姿态，是高贵的象征。同时，它也被赋予了"救赎"的内涵。蜀葵无法完成精神上救赎人类的任务，但人类发现了它与救赎相关的特性——和其他许多的锦葵科植物一样，它拥有很高的药用价值。这一刻，艳丽的蜀葵和人类再次产生了共鸣。

蜀葵是一种生命力极强的植物，它不需要人类的培育就可以存活生长。时至今日，它已经成为世界范围内分布最广泛的花卉之一。它的适应能力和药用价值共同成就了这一结果，而它的美丽更令它享受了长久的赞誉。

在中国花鸟画中，花色艳丽的蜀葵一直都是历代画家们的宠儿。在国外，蜀葵也出现在了梵高、丢勒、提香、莫奈等艺术家的画作中。因此，蜀葵已经不单单是自然的产物，更是人类创造力的呈现。最初，花的美丽让人驻足，让人想带它们回家，放在身边点缀生活。从最初的简易插放，到复原自然，再到更多创造性的表达，花，最终成为人类精神世界中美的象征和行为、艺术、规则的源泉。它们的颜色、形状、气味以及药用价值，都与人类的内心产生了关联：祝福或怀念，憧憬或回忆，喜悦或遗憾……

花，只是开花植物生命中一个短暂的环节，但却是植物与人类、与整个世界发生联系的关键。先有花，才会有包含种子的果实；种子，代表了下一代。

在中国大地上，生长着超过35 000种植物，它们成就了中华文明，也丰富了世界文明的色彩。学会与它们相处，就是对未来最好的期许。

植物探索笔记

< 在云南西双版纳热带雨林里观察到的丁达尔效应

2017年6月，我们开始调研工作并逐一确定探访的目标，以及展开记录的时间。

2017年7月，我们开始深入雨林进行勘察。这里是最早确定下来要记录的区域。在这里，有极致地理位置下的雨林奇迹。

2017年9月，我们开始了对高原的考察……

为了探索并记录中国植物分布的多样性和中国植物的生境，我们经常需要在一个时节里追赶多种植物，而不同的植物又有不同的生长规律，我们就不得不在海内外30多个地区来回奔波。所有的探索计划都要按植物生长的自然规律来确定，什么时间去什么地方探访并记录什么植物，丝毫由不得我们自己选择。但很多时候，因为和植物相处的经验还不足，我们会错过一些植物生长的重要时刻。而植物，从来不会等待我们，更不会给我们第二次记录的机会。

2017年11月，我们考察完神农架原始森林。为了记录神农架的植物在低温环境中的状态，我们决定在当年12月就正式开始拍摄，直到2018年2月才完成。

<神农架原始森林·摄影师在雪地里穿行

<神农架原始森林·记录冰封的生境

<神农架原始森林·雪地里的交友仪式

离开神农架的时候，春天已经临近，而春天又是植物们非常重要的时刻。要探访的对象那么多，中国地域又那么辽阔，怎么办？从2018年3月到2018年5月，我们将整个探索小分队拆分成三个小组，其中一组奔赴峨眉山，去记录珙桐花开。在我们之前，还从未有人记录过这位"地球遗民"开花的全过程。

在峨眉山，珙桐组派出的侦查员提前一个月就开始观察珙桐的变化，而摄影师则是提前半个月开始蹲守。我们的植物专家非常详尽地为我们介绍了珙桐花的结构，以及拍摄时可能出现的状况，并且还帮助我们挑选了一棵开花最早、花朵有可能最饱满的珙桐树。

可是，珙桐树开花的速度非常缓慢，需要半个月才能完全绽放，我们不得不搭建一个延时拍摄棚。又因为珙桐树非常高，最矮的珙桐枝条距离地面有三层楼那么高，我们就必须先用建筑脚手架搭建一个高达6米的平台，然后再在平台上搭建延时拍摄棚。

在这个高空延时拍摄棚里，我们用了3个机位，花了2个月的时间，终于完整记录下了珙桐开花的全过程。

< 搭建高空延时拍摄棚

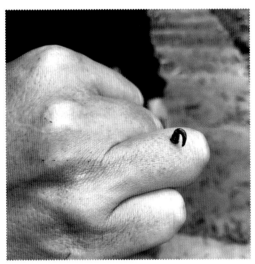

扫一扫，认清蚂蟥的真面目

< 墨脱·摄影师 "徒手遛蚂蟥"

< 再见蚂蟥

2018年4月，当珙桐小组正在峨眉山记录珙桐花开的时候，在神农架拆分成的三个小组之一抵达西藏墨脱，开始第一次对雨林的探索和记录工作。也许有读者会好奇，西藏怎么会有雨林呢？这就是青藏高原的神奇之处了。墨脱位于雅鲁藏布大峡谷，热量条件好，而且西南季风能沿着谷地深入，带来丰沛的雨水，所以这里形成了地球上最北的热带雨林。这里的森林状态保存得非常好，非常原始，最好的印证就是一种"精灵"——蚂蟥。为什么说蚂蟥是"精灵"呢？因为它们是一种对气味和环境都非常敏感、非常挑剔的生物。在某种意义上，它们越是繁盛，就代表森林的生态健康指数越高。

不过，对它们来说，远道而来的我们，简直就是美味啊！我们觉得，它们可以把一头牛的血吸干。所以在那里探索并记录的时间里，我们想了无数种办法预防，但总是防不胜防。有时候回住处一检查，脚掌都是血洞，不知道蚂蟥是从哪里钻进去的，更不知道它现在还在我们身上的哪块皮肤下吸食着我们的血液。起初，我们对蚂蟥是恐惧的，它甚至让我们的摄影师尖叫着逃跑；最后，我们已经完全适应了它的存在。那位曾经尖叫着逃跑的摄影师甚至学会了"徒手遛蚂蟥"（郑重提醒："徒手遛蚂蟥"属于危险行为，请勿模仿）。

在雨林，似乎从来都不缺少"惊喜"。西藏墨脱的雨林派出"蚂蟥军团"迎接我们，云南西双版纳的雨林则派出锚阿波萤叶甲来"遛"我们。

锚阿波萤叶甲有个奇特的行为，画圈啃食海芋叶，可以说一顿饭就是一项"几何工程"。每顿饭从傍晚的18点开始，直到第二天凌晨才结束。它们对周围的环境十分敏感，一点点声音和光都会把它们吓跑。为了记录它们画圈啃食海芋叶的过程，我们每天傍晚就开始在有海芋的地方，佝偻着腰、打着手电筒，慢慢地翻开海芋叶的背面，找一找有没有开餐的锚阿波萤叶甲。

第一天记录，我们用1个机位追踪1只锚阿波萤叶甲蚕食海芋叶，但它一"看"到镜头就一动不动，无论我们等多久，它都不动。后来，我们又连续架了2个机位。可是这3个机位记录的锚阿波萤叶甲都不动了。直到凌晨3点，三只小虫像是约好了似的，相继间隔30分钟飞走了。导演不禁感叹："'锚阿波'，你赢了！"

经过一个星期的斗智斗勇，我们终于记录到它从选择一张完整的海芋叶，到开始画圈，再到进餐的全过程。

扫一扫，观看锚阿波萤叶甲和海芋的攻防战

< 记录锚阿波萤叶甲"开餐"

扫一扫，见识开花植物的强大

< 广西澄江·记录海菜花

　　海菜花不仅是中国特有的水生植物，还是天然的水质试金石，对水质污染极其敏感，只能生长在干净、清澈的水中。

　　在我们对它进行记录的时候，叶子导演一阵感慨，她说："小时候，我最喜欢的就是能在浴缸里泡着不出来，身边漂着橡皮小鸭子、充气玩具，有时候还会把雨花石、贝壳、塑料珍珠、花瓣之类在水里显得很特别的东西也放进浴缸。当时觉得神仙也不过如此吧。只不过我妈觉得刷浴缸是个大工程，用前得刷，用后还得刷。所以，浴缸平时只用来堆放杂物，赶上考试前后我才被允许滚进去泡一下。现在，可以漂浮在这样的环境里，看海菜花一朵一朵慢慢盛开，天上飞鸟追逐，水里小鱼穿梭，能和伙伴们上天下地入水，明天还不用考试，真像做梦一样。"

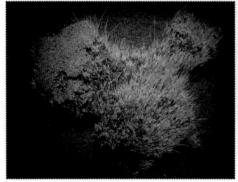

< 通过延时摄影记录水稻种子的萌发

对植物进行延时记录，其实就是在记录时间，雕刻时间。在这个过程里，植物不会拒绝任何人，更不会主动向你索取。它们需要的是你懂它们。你怎么对待它们，它们就怎样回馈你。它们中很多植物的栽培方式都非常特别。虽然科学家提供了大量栽培经验，但这些经验是让植物怎么活，而我们需要做的不仅是让它们活，还需要用一种既熟悉又陌生的视角去观察它们，呈现它们。

在通过延时摄影来记录水稻种子萌发、生长的过程中，运动镜头的调度是最困难的部分。

首先我们需要知道水稻在不同条件下的生长方向和速度；然后要对摄影机的运动轨迹和速度进行设定；最后还要对结果进行估计，对可靠性进行判断。我们从导演那里了解到水稻是人类驯化来的，最早出现在中国，后来才慢

<延时记录小分队成功种出"中国形"

慢传播到全世界。于是我们在镜头设计上使用
了运动镜头来表现这一过程，也才有了"种出
一个'中国形'"的创意。但在记录的过程中，
我们首先面临的是水稻种子破土时土壤板结的
问题。

因为水稻种子在破土时，末梢会产生水珠，
使原本干燥、松散的土壤板结，导致实际记录
下来的画面所呈现的状态与想象中的状态完全
不同。解决这个问题的方法，要么是更换培养
基质，要么是改变种植密度，再要么就是缩短
镜头时长、更换景别。我们选择更换培养基质。
在尝试了5种来自世界各地的不同土壤后，确
定了一种；又使用面粉筛手工过滤，以保证土
壤颗粒的一致性。经过数次失败，最后终于成
功了。

<蹲守稻种萌发

<进入西双版纳寻找稻作文物

<在中国目前发现的最北端的野生稻保护区

<像"钓鱼"一样在稻田里守候

<收割季·和水稻相处的最后一段时光

人类与水稻的故事，是生命与生命的对话。循着禾苗的足迹，我们走遍祖国的大江南北，用镜头深入水稻的世界，从水稻的视角感受生命初期旺盛的生命力和对自然资源的渴望，感受生命成长的温度和速度。

陪伴水稻的一整年里，我们经历的"变形记"，不是从城市到乡村，而是从人类的生活到植物的生活。我们曾经一夜一夜地蹲守稻种萌芽，捕捉嫩芽冲破种皮的一刻；我们曾经和抽穗期的水稻睡在一起，昼夜不间断地记录水稻的生长速度；我们曾经屏息守着即将开放的稻花，生怕一丝鼻息就会将花粉从微观记录的镜头前吹走。

这一年里，水稻对环境的感知，我们也一起经历。它喜欢光，我们就等着光；它喜欢水，我们就走进水田；它喜欢正午，我们就感受正午的暴晒。如果没有和水稻相处的一年，我们也许永远无法像植物一样，敏锐地感知每一丝风的到来，感知每一丝光线的变化，观察每一片叶子上活跃的昆虫。

如今，我们行走在城市里，感觉和这座城市里的每一棵树、每一株花草都有了私密的交流。因为，我们都曾经扎根自然。

< 秦岭·寻找并记录野生大熊猫

　　在秦岭深处密不透风的竹林里，我们扛着各种记录用的设备，深一脚浅一脚地在雪地里寻找野生大熊猫的踪迹。有时候觉得离它特别近，近到可以听见它咀嚼竹子的声音，但就是什么也看不见，因为茂密的竹林阻挡了视线。有时候又会怀疑，也许附近根本就没有野生大熊猫。但野生大熊猫却只需要调动自己灵敏的嗅觉，就可以知道周围是不是有人。当时，于丹导演无奈地说："世界上最遥远的距离，不是生与死，而是你就坐在我面前吃竹子，我却见不到你。"

　　或许是精诚所至，我们连续两天邂逅了同一只野生大熊猫。与其说是我们邂逅了它，不如说是它终于肯接见我们。为了亲近它，我们抱着设备连滚带爬钻进竹林。

　　第一次和野生大熊猫近距离接触的我们拿出各种设备记录。三脚架带不进来，为了保持稳定，我们或坐或跪，早忘了地上是厚厚的积雪。等我们记录够了，野生大熊猫也迈着八字步，晃着屁股钻进了竹林深处……

<记录竹笋生长的第一天

<布光

<在竹林扎营

竹笋主要在夜间生长，要想捕捉竹笋连续生长的过程，就必须昼夜交替，一刻不停。抵达目的地的第一天晚上，我们就在竹林里拉起了电线，布好灯光，架起设备，冒着夜雨开始了工作。可就这样盯着竹笋拍了一整夜，眼睛都快盯直了，才发现竹笋只长高了不到2厘米。说好的一天长一米呢？请教了专家才知道，有些竹笋因为先天营养不良，是注定长不

大的。而且，竹笋生长的速度，在不同阶段也是有变化的。刚刚破土的竹笋，生长比较缓慢，等长到一两米高后，才会进入快速生长阶段。此外，竹笋生长对温度和水分的要求十分苛刻。温度太低，竹笋的生长就会变慢。所以，要想捕捉到竹笋破土生长的过程，首先就得会找笋。第二天，我们所有人的第一件工作就是低着头在竹林里满地找笋，挑选合适的目标。

< 竹蝗羽化

竹蝗的整个生命周期要经历三个季节：从开春一直到入秋。我们阶段性地记录了竹蝗生命历程中的几个重要节点：孵化、羽化、交配以及产卵。昆虫从卵孵出幼虫的过程称作孵化，幼虫老熟变蛹的过程称作化蛹，由蛹变成虫的过程称作羽化。在完全变态发育的昆虫中，卵、幼虫、蛹和成虫的形态完全不同，羽化为成虫后，形态就将固定，再也不会成长或变化。竹蝗是不完全变态发育的昆虫，它没有蛹期，往往由若虫经过蜕皮直接变为成虫，这个过程也叫羽化。

当时，我们死守了两个上午，终于记录到了竹蝗羽化的过程。看着它用尽全力扭动身躯，最终蜕下一个完整的空壳，我们不得不感叹生命的神奇。无论是多年生的竹子，还是一年生的竹蝗，都享有完整的生命周期。这不禁让人想起《逍遥游》里的一段话：小知不及大知，小年不及大年。奚以知其然也？朝菌不知晦朔，蟪蛄不知春秋，此小年也。楚之南有冥灵者，以五百岁为春，五百岁为秋；上古有大椿者，以八千岁为春，八千岁为秋，此大年也。

<竹蟫交配与产卵要比记录竹蟫羽化
<摄影师在40℃的高温下记录竹蟫交配

<镜头下的竹蟫

记录竹蟫交配和产卵要比记录竹蟫羽化困难许多，因为需要漫长的等待。

我们无法在山中完成这一切，只好挑选了20只竹蟫带回北京。当时心想：在交配的季节，总能碰到一两只吧。

望眼欲穿的数天过后，我们终于看到了竹蟫交配。但接下来又是焦急而漫长的等待，等待竹蟫产卵。苦苦等了两个月，在我们毫无察觉的时候，竹蟫竟然悄悄地把"娃"生了。既然如此，只有将记录进行到底，准备面对竹蟫产卵后死亡的时刻。

三天过后，平日里活蹦乱跳的竹蟫已经奄奄一息，我们的心情也变得沉重起来。偏偏在这个时候，我们突然发现有一只竹蟫蹲在地上一动也不动。仔细一看，它的屁股还插在泥土里。"怕不是在产卵吧？"大家惊呼道。于是，我们的镜头马上锁定它。通过探针镜头，看到它的肚子一动一动的，很用力的样子。过了一会儿，它把"屁股"从土里抽出来，原来真的是在产卵。

扫一扫，体验竹蟫生命的历程

< 云南香格里拉的边远藏区·队员们在观察塔黄叶片形成的 "温室结构"

　　我们无法描述初次见到塔黄时激动的心情，如果一定要有一个词来形容，大概就是"感动"。我们所见的这片塔黄生长地，海拔4 700米左右。高海拔意味着生存环境十分恶劣。首先是气候寒冷，探访和记录期间，这里每天都会下雨，时常出现气温骤降的情况，甚至有两次还下了冰雹。8月份，全国绝大部分地区都在高温预警，这里却还在经受严寒的考验，更遑论冬天。其次是繁衍受到限制，因为高海拔地区生物多样性低，能够给植物传粉的昆虫极其有限。没有昆虫帮助传粉，物种的生存繁衍就存在危险。最后是植物生长需要的营养匮乏。塔黄生长的流石滩，是牦牛都不愿意去的地方。

< 云南香格里拉的边远藏区·队员们在等待迟眼蕈蚊们到来

< 云南香格里拉的边远藏区·队员们在观察雌迟眼蕈蚊帮助塔黄传粉

<云南香格里拉的边远藏区·队员们在寻找记录塔黄的最佳位置

<云南香格里拉的边远藏区·队员在观察塔黄的花序

< 云南香格里拉的边远藏区·远方的队员在流石滩背面有了重大发现

< 云南香格里拉的边远藏区·队员连续蹲守几天，等待塔黄开花

< 大豆遗传育种家·孙寰

< 吉林农业科学研究院·赵丽梅

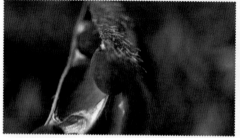
< 野大豆爆开的豆荚

< 蜜蜂和大豆花的亲密接触

　　大豆看似离我们很近，但是几千年来，它走过的路却很少被人倾听。在两年的时间里，我们走访了北京、黑龙江、吉林、新疆、江苏、辽宁、山东等7个省市自治区和日本、美国等多个国家，还探访了多位科学家。这些科学家几十年如一日地守在大豆田里，和大豆朝夕相处。大豆的生长很缓慢，但是科学家通过长时间与它们相处，走进了它们的时间维度，用它们的生命逻辑去理解阳光，理解风，理解昆虫，理解花香。在与它们长期相处的过程中，科学家和大豆一样，每天沐浴着阳光雨露。跟随着科学家的目光，我们看到了在阳光和温度的刺激下，看到了野大豆藤蔓的攀爬，看到了栽培大豆叶片的张开，看到了大豆花朵的绽放，看到了野大豆爆开豆荚、弹射种子的震撼瞬间。我们看到了，镜头也看到了。我们希望用镜头去放大大豆生命的美妙舞动，去凝固大豆生命的奇迹瞬间，让更多人能够更加轻松地走进大豆的生命，体会大豆未曾讲述过的故事。

< 像木头人一样趴在蜜蜂家门口的摄影师

< 全副武装"偷怕"蜜蜂的摄影师

< 追蜜蜂的摄影师

　　为了记录大豆和蜜蜂这对新朋友的关系，我们决定探访蜜蜂的家。在蜜蜂眼里，我们这种行为应该算"偷拍"。为了防止被蜜蜂发现并发起攻击将我们哄走，摄影师不得不全副武装，趴在蜂巢旁一动不动，一趴就是一个多小时。但有的时候，为了跟踪一只蜜蜂的行动，摄影师也不得不鼓起勇气，做一个"追蜜蜂的人"。

扫一扫，跟随植物学家黄宏文寻找野生猕猴桃

< 跟随植物学家黄宏文重走"亨利·威尔逊发现猕猴桃之路"

2018年6月，我们跟随植物学家黄宏文来到湖北宜昌的一处原始森林，重走"威尔逊发现猕猴桃之路"，寻找野生猕猴桃。这里是自然保护区，平时不对外开放，为了完成《影响世界的中国植物》，我们特意申请了拍摄许可证。进去以后，我们感觉像是到了无人区，满眼都是植物，而我们成了这里仅有的人类。进山走了一个多小时，我们找到了峡谷溪沟。野生猕猴桃喜欢微酸性的土壤，沿着溪沟，是最容易找到猕猴桃的。有黄老师带领，我们很顺利就找到了一根缠绕在高大灌木上的猕猴桃藤，便顺着藤蔓从下往上仔细搜寻野生猕猴桃的身影，果然被我们成功发现。只是这个时候的野生猕猴桃还没有成熟，个头较小，表皮呈青，皮上还有棕色的硬毛。这个小家伙躲在藤蔓背后，要不是有黄老师指导，还真是很难被发现。

<植物学家黄宏文

<勐库大雪山·我们的驴队

<勐库大雪山·扎营

2018年3月，我们来到云南探索并记录茶树的原始生长环境。野生大茶树大多生长在海拔2 000多米的深山里，从村里到目的地——勐库大雪山需要两个小时的车程和一个半小时的山路徒步，加上重达上百千克的记录设备，如果每天往返，一点也不实际。因此，我们决定在山上扎营3天。勐库大雪山因分布着世界上最大的古茶树群落而闻名。走在路上，向导为我们介绍了路边的茶树。我才知道茶树并不是这里最高大的树种，它与其他大树、灌木和草丛一起，编织着这座万物丛生的森林。城市中能见到的植物屈指可数，而这里的植物有很多都叫不出名字，需要靠自己去深入探索。由于森林上层被大树覆盖，这里的透光率非常低，下午4点天就开始入黑。我们选择了一个比较平坦的地方，加上向导，十几个人开始卸东西、扎营。那时候，太渴，但没有水喝，导演渴得把给驴吃的胡萝卜都吃了，引得我们一阵大笑。

< 记录高原地区的开花植物

我们是记录者，影像是我们记录的工具。

这一次我们把记录的镜头锁定在一种生命上，这种生命在我们祖先到来之前就在这里了。从喜马拉雅山脉到太平洋，从北国的大小兴安岭到南国的岛屿，它们在这里与长江、黄河一起，为一个民族的诞生编织了一个摇篮。于是，一方水土养育一方它们，一方它们又养育一方我们……它们用生命延续我们的生命，它们有一个统一的名字叫植物。

走近植物，认识植物，其实也是在认识我们人类自身在大自然中的位置。观察这些大自然的"精灵"时，更多的时候，我们需要俯下身来，像它们一样谦卑地抱紧大地。

<神农架原始森林·记录植物天堂解冻

<青藏高原的一处流石滩·记录高原上的开花植物

<横断山脉的一处流石滩·等待记录植物生长的时机

< 西岭雪山·对植物进行微观记录

<神农架原始森林·追踪金丝猴

<神农架原始森林·记录雪中的冷杉

< 雅鲁藏布江畔·追踪吴氏岩蜥

< 梅里雪山·记录绵头雪兔子

< 马达加斯加·即将改种黄花蒿的水稻田

< 马达加斯加·走出疟疾阴影的孩子们在黄花蒿田埂上快乐地追逐、奔跑

在非洲的马达加斯加，孩子们在田野上快乐地疯跑。在他们身边的田里，原来栽种的是水稻，现在取而代之的是黄花蒿。这些黄花蒿的品种来自中国，它们帮助非洲人民对抗疟疾，同时也为当地人带来了丰厚的经济收入。

< 无人机拍摄的广西扬子洞洞口

< 队员们抵达扬子洞深处

在广西凤山县，我们探访了一个神秘的岩洞，当地人叫它"扬子洞"。从外表看，它并不起眼，然而近20年来，这里却吸引了许多植物学家前来考察，先后在这个山洞中发现了多个植物新种。

在广西，除了扬子洞，我们还见到许多天坑和溶洞，它们从新生到暮年，最终走向退化和坍塌，在漫长的地质变迁中如流星一般短暂。

<从洞内向外观察到的扬子洞洞口环境

<扬子洞内部的植物

< 队员们冒着风雪寻找水母雪兔子

匆忙间再次回到高原，还没来得及更换装备，一场雪就不期而至。那时，我们的老朋友水母雪兔子已经完成繁衍的使命，就要走向生命的尽头。我们一直希望这场雪不要来得太晚，至少可以在它尚未衰败之前，让生命的告别更有仪式感一些。等到下一年，这株雪兔子便不复存在了，数年的蛰伏只换来一年的生命，于我们而言很短暂，于很多生物来说，却很漫长。

< 重回横断山脉探访水母雪兔子

<偶遇报喜斑粉蝶

<用显微镜头拍摄报喜斑粉蝶

我们只见过飞蛾扑火，从没见过粉蝶跳水。2018年3月，我们在鼎湖山深谷观虫，发现一个百思不得其解的现象：一只报喜斑粉蝶飞入水塘，在水中挣扎不起。起初，我们都以为它是不小心溺水了，赶忙把它捞起放在岩石上铺开翅膀晾晒。阳光下它似乎慢慢恢复，可以开始爬行了。正当我们等待它再次展翅高飞，让我们感受一把"英雄救美"时，它却又一猛子扎进水里。一时间，我们所有人都"在风中凌乱"。周围水塘里还有很多只同种粉蝶，它们几乎是以同样的姿态跃入水中，有的在挣扎，有的已经静如一幅水粉画了。我们无法理解这一景象，面对"一心求死"的粉蝶，只能用显微镜头给它拍一组遗照。

探索笔记

总导演周叶在探索开始前设计的思维导图

两年前，这张思维导图开启了我们的植物探索之旅；

两年后，就让它带领我们重回自然，感受生命的奇迹。

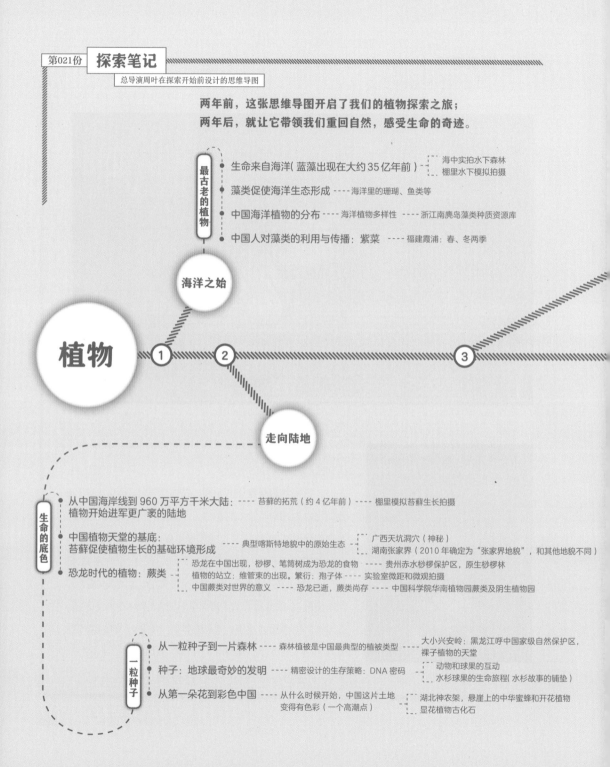

最古老的植物

- 生命来自海洋（蓝藻出现在大约35亿年前）---- 海中实拍水下森林
  棚里水下模拟拍摄
- 藻类促使海洋生态形成 ---- 海洋里的珊瑚、鱼类等
- 中国海洋植物的分布 ---- 海洋植物多样性 ---- 浙江南麂岛藻类种质资源库
- 中国人对藻类的利用与传播：紫菜 ---- 福建霞浦：春、冬两季

海洋之始

植物

① ② ③

走向陆地

生命的底色

- 从中国海岸线到960万平方千米大陆：---- 苔藓的拓荒（约4亿年前）---- 棚里模拟苔藓生长拍摄
  植物开始进军更广袤的陆地
- 中国植物天堂的基底：
  苔藓促使植物生长的基础环境形成 ---- 典型喀斯特地貌中的原始生态 ---- 广西天坑洞穴（神秘）
  湖南张家界（2010年确定为"张家界地貌"，和其他地貌不同）
- 恐龙时代的植物：蕨类 ---- 恐龙在中国出现，桫椤、笔筒树成为恐龙的食物 ---- 贵州赤水桫椤保护区，原生桫椤林
  植物的站立：维管束的出现。繁衍：孢子体 ---- 实验室微距和微观拍摄
  中国蕨类对世界的意义 ---- 恐龙已逝，蕨类尚存 ---- 中国科学院华南植物园蕨类及阴生植物园

一粒种子

- 从一粒种子到一片森林 ---- 森林植被是中国最典型的植被类型 ---- 大小兴安岭：黑龙江呼中国家级自然保护区，
  裸子植物的天堂
- 种子：地球最奇妙的发明 ---- 精密设计的生存策略：DNA密码 ---- 动物和球果的互动
  水杉球果的生命旅程（水杉故事的铺垫）
- 从第一朵花到彩色中国 ---- 从什么时候开始，中国这片土地 ---- 湖北神农架，悬崖上的中华蜜蜂和开花植物
  变得有色彩（一个高潮点） 显花植物古化石

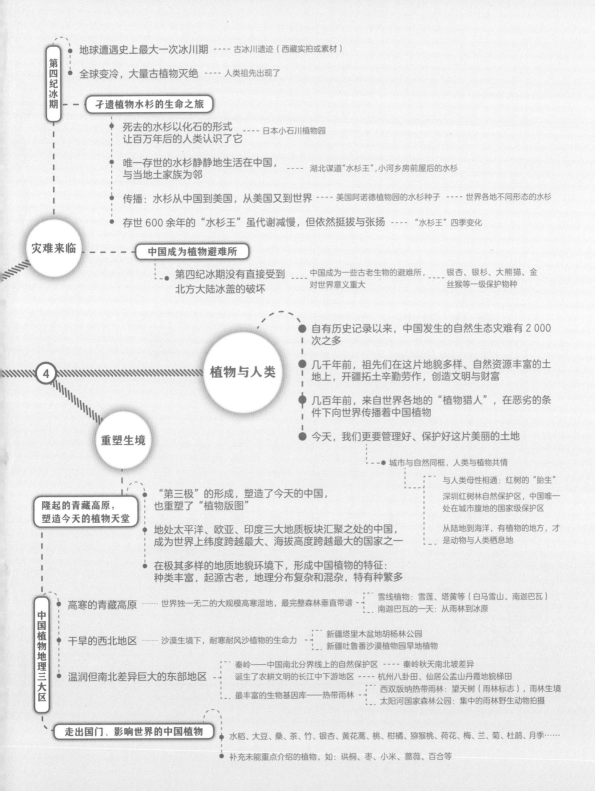

第四纪冰期
- 地球遭遇史上最大一次冰川期 ---- 古冰川遗迹（西藏实拍或素材）
- 全球变冷，大量古植物灭绝 ---- 人类祖先出现了
- **孑遗植物水杉的生命之旅**
  - 死去的水杉以化石的形式 ---- 日本小石川植物园
    让百万年后的人类认识了它
  - 唯一存世的水杉静静地生活在中国， ---- 湖北谋道"水杉王"，小河乡房前屋后的水杉
    与当地土家族为邻
  - 传播：水杉从中国到美国，从美国又到世界 ---- 美国阿诺德植物园的水杉种子 ---- 世界各地不同形态的水杉
  - 存世600余年的"水杉王"虽代谢减慢，但依然挺拔与张扬 ---- "水杉王"四季变化

灾难来临
- **中国成为植物避难所**
  - 第四纪冰期没有直接受到 ---- 中国成为一些古老生物的避难所， ---- 银杏、银杉、大熊猫、金
    北方大陆冰盖的破坏 ---- 对世界意义重大 ---- 丝猴等一级保护物种

植物与人类
- 自有历史记录以来，中国发生的自然生态灾难有2 000
  次之多
- 几千年前，祖先们在这片地貌多样、自然资源丰富的土
  地上，开疆拓土辛勤劳作，创造文明和财富
- 几百年前，来自世界各地的"植物猎人"，在恶劣的条
  件下向世界传播着中国植物
- 今天，我们更要管理好、保护好这片美丽的土地

4

重塑生境
- 城市与自然同框，人类与植物共情
  - 与人类母性相通：红树的"胎生"
    深圳红树林自然保护区，中国唯一
    一处在城市腹地的国家级保护区
  - 从陆地到海洋，有植物的地方，才
    是动物与人类栖息地

**隆起的青藏高原，
塑造今天的植物天堂**
- "第三极"的形成，塑造了今天的中国，
  也重塑了"植物版图"
- 地处太平洋、欧亚、印度三大地质板块汇聚之处的中国，
  成为世界上纬度跨越最大、海拔高度跨越最大的国家之一
- 在极其多样的地质地貌环境下，形成中国植物的特征：
  种类丰富，起源古老，地理分布复杂和混杂，特有种繁多

中国植物地理三大区
- 高寒的青藏高原 ---- 世界独一无二的大规模高寒湿地，最完整森林垂直带谱 ----
  - 雪线植物：雪莲、塔黄等（白马雪山、南迦巴瓦）
  - 南迦巴瓦的一天：从雨林到冰原
- 干旱的西北地区 ---- 沙漠生境下，耐寒耐风沙植物的生命力 ----
  - 新疆塔里木盆地胡杨林公园
  - 新疆吐鲁番沙漠植物园旱地植物
- 温润但南北差异巨大的东部地区 ----
  - 秦岭——中国南北分界线上的自然保护区 ---- 秦岭秋天南北坡差异
  - 诞生了农耕文明的长江中下游地区 ---- 杭州八卦田、仙居公孟山丹霞地貌梯田
  - 最丰富的生物基因库——热带雨林 ----
    - 西双版纳热带雨林：望天树（雨林标志），雨林生境
    - 太阳河国家森林公园：集中的雨林野生动物拍摄

走出国门、影响世界的中国植物
- 水稻、大豆、桑、茶、竹、银杏、黄花蒿、桃、柑橘、猕猴桃、荷花、梅、兰、菊、杜鹃、月季……
- 补充未能重点介绍的植物，如：珙桐、枣、小米、蔷薇、百合等

制作团队·趣想国

Works By Oakids

总策划　/　丁丰

策划人　/　萧喆

项目执行　/　梁伟

运营总监　/　严晶晶

设计总监　/　向婷

项目统筹　/　管紫璇

项目助理　/　甄珍

视频编辑　/　石瑞　程佳琦

运营助理　/　王染晴